二孩儿心理手册

关注每个家庭成员的心理管理！

刘福全◎著

图书在版编目（CIP）数据

二孩儿心理手册 / 刘福全著

— 北京：企业管理出版社，2017.6

ISBN 978-7-5164-1519-1

Ⅰ. ①二… Ⅱ. ①刘… Ⅲ. ①心理学－手册 Ⅳ. ①B84-62

中国版本图书馆CIP数据核字(2017)第115206号

书　　名：二孩儿心理手册
作　　者：刘福全
责任编辑：于湘怡
书　　号：ISBN 978-7-5164-1519-1
出版发行：企业管理出版社
地　　址：北京市海淀区紫竹院南路 17 号　　邮编：100048
网　　址：http://www.emph.cn
电　　话：总编室(010)68701719　发行部(010)68701816　编辑部(010)68701661
电子信箱：1502219688@qq.com
印　　刷：三河市书文印刷有限公司
经　　销：新华书店
规　　格：889 毫米 × 1194 毫米　32 开本　9.75 印张　200 千字
版　　次：2017 年 6 月第 1 版　2017 年 6 月第 1 次印刷
定　　价：48.00 元

版权所有　翻印必究 · 印装有误　负责调换

经历了三十余年的独生子女时代，如今“二孩儿潮”到来了。然而，漂亮二宝带来的不只是快乐，还有改变，改变也不仅仅是温馨和陪伴，还包括横亘在我们面前的种种问题。比如，作为家中独子（女）成长起来的你，如今做了父（母）亲，是否做好了适应四老两小家庭新模式的准备？是否理解两个孩子既要坚持个性，又要公平分享的需要？又是否能够真正实现让孩子们相互陪伴的愿望呢？……

《二孩儿心理手册》是为二孩儿家庭量身打造的一本心理指导手册，从心理学的角度关注二孩儿家庭，关注家中的每位成员，并结合生活中的具体案例为二孩儿父母提供有效具体、拿起来就能用的教养方法。

本书有两条主线。一条以时间为主线：准备要二宝——二宝出生——两孩儿共同成长；另一条以角色为主线，大宝——二宝——两宝——父母/祖父母——家庭。

两条主线相互推动，帮助二孩儿父母理清在“家有两宝”的问题上，不同时间段，不同家庭角色可能会经历什么样的心理波动，又需要什么样的心理支持，并尝试通过案例分析破除一些教育误区，提供一些简单易行的教育方法。

在这个大框架下，全书共分为七章展开。

第一章全面分析要二孩儿前全体家庭成员应有的心理准备。

第二章重点描述二宝出生后，全家面对新的家庭成员、家庭结构和家庭问题，尤其是大宝可能出现的各种状况时，都该如何应对。

第三章阐述每个孩子成长过程中的心理需求，本书虽是为二孩儿家庭量身打造，但有一才有二，了解每个孩子的成长规律，才能进一步了解家有两孩儿的教养方向。

第四章延伸了前几章的内容，同时对一些基本的教育理念进行剖析，如何让“比较”“期待”“赞扬”……真正积极地作用于对孩子的教育。

第五章主要讲二宝度过家庭新成员阶段后孩子间的相处之道，而父母又该怎样让孩子间的互动更积极互利。

第六章以家庭和父母为重点，看似与孩子关系不那么密切，但其实这正是当下较大的教育盲点之一。当我们发现孩子行为的偏差时，千万不能忽视家庭的影响，孩子其实正是家庭这个大系统的小小缩影，如果不对整个家庭关注，是谈不上真正关注孩子的。同时，在孩子的成长过程中，父母的心理健康和情感需要容易被忽视，希望通过这一章的讲述，让家庭的核心——父母——能够放下一些疲惫，将紧盯孩子的视野扩大，从而收获真正的幸福。

第七章仍把教育放在家庭这个系统中，介绍一些具体的家庭规则帮家长更轻松地实现好的家庭教育。

任何理论学习都不可能一蹴而就，任何方法的使用也不能“包治百病”，希望本书能给到读者一些对教育、对孩子、对自己、对家庭的思考方式，祝愿每个家庭都和谐健康！

刘福全

2017年4月

目录

查阅你最迫切的疑问！

【本书涉及的部分心理学概念】

○ **需求层次理论**：美国心理学家亚伯拉罕·马斯洛于1943年的论文《人类激励理论》中提出的理论，该理论将人类需求分为五个像阶梯一样从低到高的层级。

○ **生理需求**：满足人类生存的基本生理机能正常运转的需求。如呼吸，水，食物，睡眠，性等。

○ **安全需求**：马斯洛认为，整个有机体是一个追求安全的机制，人的感受器官、效应器官、智能和其他能量主要是寻求安全的工具，甚至可以把科学和人生观都看成是满足安全需要的一部分。如人身安全，健康保障，道德保障等。

○ **爱与归属感的需求**：人人都希望得到相互的关爱和照顾。感情上的需求比生理上的需求来得细致，它和一个人的生理特性、经历、教育、宗教信仰都有关系。如友情，爱情，性亲密等。

○ **尊重的需求**：人人都希望自己有稳定的社会地位，要求个人的能力和成就得到社会的承认。尊重的需求又可分为内部尊重和外部尊重。具体如信心，成就，自尊等。

○ **自我实现的需求**：自我实现的需求是最高层次的需求，是指实现个人理想、抱负，发挥个人的能力到最大程度，达到自我实现的境界，接受自己也接受他人，解决问题能力增强，自觉性提高，善于独立处事，要求不受打扰地独处，完成与自己的能力相称的一切事情的需求。如道德，创造性，公正度，自觉性，问题解决能力等。

○ **平常心**：对自己做任何事的成功和失败有准确预测，表现为既积极主动，尽力而为，又顺其自然，不苛求完美。

○ **家庭关系的基本伦理**：在家庭中人与人的关系和处理这些关系的基本规则。

○ **青春期**：青春期是指由儿童逐渐发育成为成年人的过渡时期。青春期是人体迅速生长发育的关键时期，体格、性征、内分泌及心理等方面都发生重大变化，也是继婴儿期后人体第二个生长发育高峰期。世界卫生组织(WHO)规定青春期为10～20岁，但实际上，个体进入和结束青春期存在较大差异，可相差2～5岁。

○ **过激行为**：过激行为一般因某种特殊环境和事件的强烈刺激而引起，当事人有可能因情绪上的不稳和过于激动而无法控制自己的行为，从而有“过分”“超越理智”“不当”的行为。

○ **安全型依恋**：安恩沃斯的“陌生情境实验”研究把儿童的依恋分为三个类型。安全型依恋的儿童会在陌生情境中把母亲作为“安全基地”去探究周围环境，母亲在场时，主动去探究；母亲离开时，产生分离焦虑，探究活动明显减少。这类儿童在忧伤时容易被陌生人安慰，但母亲的安慰更有效。母亲返回时，他们会以积极的情感表达依恋并主动寻求安慰。即使在忧伤时，这类儿童也能通过与母亲的接触很快平静下来，然后继续探究和游戏。

○ **情感交流**：这里是指母亲的情感投入诱发孩子的情感回报，

从而在母亲与孩子之间形成双向性的情感交流，建立良好的母子关系。

○ **焦虑**：是人类在与环境做斗争及生存适应的过程中发展起来的一种基本情绪。在应激面前适度的焦虑具有积极的意义，只在具备某些病理性特征，同时对正常的社会功能造成影响时，才成为病理性焦虑。

○ **嫉妒**：是一种由羞愧、愤怒、怨恨等情绪组成的复杂的情绪状态。

○ **羞辱感**：指因为感觉到被侮辱而产生的羞愧，内疚，怨恨等复杂的情绪感受。

○ **依恋**：依恋一般被定义为婴儿和其照顾者(一般为母亲)之间存在的一种特殊的感情关系。它产生于婴儿与其照顾者的相互作用过程中，是一种感情上的联结和纽带。

○ **隔代养育**：指父母不在身边的孩子由祖父母或外祖父母抚养，是目前较为普遍的社会现象。

○ **父亲缺位**：指父亲在家庭教育中的淡出，甚至不在其位的社会现象。

○ **退行**：是指人们在受到挫折或面临焦虑、应激等状态时，放弃已经学到的比较成熟的适应技巧或方式，而退行到使用早期生活阶段的某种行为方式，以原始、幼稚的方法来应付当前情景，降低自己的焦虑。

○ **防御机制**：指个体面临挫折或冲突的紧张情境时，在其内部心理活动中具有的自觉或不自觉地解脱烦恼，减轻内心不安，以恢复心理平衡与稳定的一种适应性倾向。

○ **成熟**：指生物体在生长发育到完备阶段的基础上，心理的成长发育从幼稚向更高一级的转变。

○ **冲突**：指个体在有目的的行为活动中，存在着两个或两个以上相反或相互排斥的动机时所产生的一种矛盾心理状态。

○ **自我**：自我亦称自我意识或自我概念，主要是指个体对自己存在状态的认知，觉察到自己的一切区别于周围其他的物与其他的人。

○ **第一反抗期**：2~3岁的儿童，随着运动和认知能力的显著发展，其探索欲望和自我主张越来越强烈，独立性和自主性也相应发展起来，初步认识到作为个体的“我”以及“我”的力量。但他们的欲望和要求常常遭到父母的禁止和限制。欲望、自我主张遭到阻止的幼儿则用反抗和拒绝行为来表明自己同别人的意志之间的冲突，他们不仅拒绝成人的命令和要求，甚至拒绝成人的帮助，事事要“我自己来”。这种持有强烈的自我主张，以及对别人的命令、要求、帮助予以拒绝的态度，称为第一反抗现象，这个时期称第一反抗期。

○ **社会化**：指个体在特定的社会文化环境中，学习和掌握知识、技能、语言、规范、价值观等社会行为方式和人格特征，从而适应社会并积极作用于社会、创造新文化的过程。它是人和社会相互作用的结果。个体的社会化过程就是在社会文化的熏陶下，使自然人转变为社会人的过程。个体的社会化必须随着社会的发展而发展，是一个不间断的终身进行的过程。

○ **主动性**：指个体按照自己规定或设置的目标行动，而不依赖外力推动的行为品质。

○ **自卑感**：在心理学上特指由于与合理规定标准或其他刺激物比较有差距，而产生了评价差异，进而导致的个体主观情绪低落、悲伤等负面心理状态。

○ **能力**：是指能够顺利完成某些活动所必须具备的个性心理特征，即能力是直接影响活动效率，使活动得以顺利进行的心理特征。

○ **自我同一性**：这是西方心理学一个重要的概念，一般是指个体尝试把与自己有关的各方面结合起来，形成一个不同于他人的“统一风格”的自我。青少年时期的一个核心问题就是自我同一性的发展，它将为成人期奠定坚实的基础。

○ **主体我**：个体以主体的身份(即英语中的I)去认识和改造客观事物，此时的“我”处于观察地位。

○ **客体我**：个体以客体的身份(即英语中的Me)被认识、被改造，此时的“我”处于被观察地位。

○ **同一性混乱**：这是一个埃里克森心理社会性发展阶段理论中的术语，指青少年在寻求自我同一性过程中出现同一性失败的现象。同一性混乱的个体对自我缺乏清晰的同一感，不清楚或回避考虑个人的品质、目标、需扮演的角色及价值观等问题，自我评价偏低，难以承担自己的生活责任。

○ **性别认同**：指对自身性别的正确认识。

○ **气质类型**：气质是个人生来就具有的心理活动的典型而稳定

的动力特征，是人格的先天基础。按照气质的不同特征的不同组合，可以把人的气质分成几种不同的类型。

○ **自尊**：指个人基于自我评价产生和形成的一种自重、自爱、自我尊重，并要求受到他人、集体和社会尊重的情感体验。

○ **自我效能**：指人对自己是否能够成功地进行某一成就行为的主观判断。

○ **社会比较**：社会心理学名词，指个体就自己的信念、态度、意见等与其他人的信念、态度、意见等做比较。人们在现实生活中定义自己的社会特征，往往是通过与周围他人的比较，而不是根据纯粹客观的标准，这是一种普遍存在的社会心理现象。

○ **社会期待**：指社会或群体根据个体所处的社会地位及其所承担的社会角色所提出的希望或要求，它反映的是社会公认的价值标准或行为规范。

○ **社会赞许性**：是指某一行为是社会一般人所希望、期待、接受的。大多数人越喜欢的行为，其社会赞许性也越高。

○ **未完成情结**：指未表达出来的情感，包括悔恨、愤怒、怨恨、痛苦、焦虑、悲伤、罪恶、遗弃感等。虽然这些情感并未表达出来，但却与鲜明的记忆及想象联结在了一起。由于这些情感在知觉领域里并没有被充分体验，因此就在潜意识中徘徊，而在不知觉中被带入到现实生活里，从而妨碍了自己与他人间的有效接触。这类未完成事件和未表达的情感常会一直持续存在着，淤积成结，被称为未完成情结。

○ **否认**：是一种比较原始而简单的防御机制，其方法是借助扭曲个体在创伤情境下的想法、情感及感觉来逃避心理上的痛苦，或将不愉快的事件“否定”，当作它根本没有发生。

○ **潜抑**：一种心理防御机制，是指个体把意识中对立的或不能接受的冲动、欲望、想法、情感或痛苦经历，不知不觉地压制到潜意识中去，以至于当事人不能察觉或回忆。

○ **合理化**：一种心理防御机制，是指当个体的动机未能实现或行为不能符合社会规范时，个体会尽量搜集一些合乎自己内心需要的理由，给自己的作为一个合理的解释，以掩饰自己的过失，减轻焦虑的痛苦和维护自尊免受伤害。

○ **共生**：婴儿出生第二到第六个月期间与母亲的心理关系状态。

○ **分离焦虑**：指因与亲人或建立了情感联结的人分离而引起的焦虑、不安或不愉快的情绪反应。

○ **现实检验力**：指对现实情况的知觉能力及客观准确评估的能力。

○ **阳性强化法**：应用操作性条件反射原理，强调行为的改变是依据行为后果而定的，其目的在于矫正不良行为，训练与建立良好行为，即每当儿童出现成人期望的心理与目标行为后，采取奖励办法立刻强化，以增强此种行为出现的频率的方法，故又称奖励强化法。

○ **负性强化法**：是指具体行为之后，出现了刺激结果的移除，导致了具体行为的增加。对某良好行为给予奖励，可以促进该行为的发生，如若使某行为与摆脱厌恶刺激相结合，同样能使该行为增多，这便是负性强化法的理论基础。

○ **客体**：精神分析的一个术语，客体是区别于主体的其他事物、人等。对于客体本质的研究产生了非常多的分支理论，比如部分客体（例如婴儿可能会将妈妈的手和乳房体验为两个不同的客体）和完整客体（获得更贴近全貌的体验），内部客体（内在的想象中的形象）和外部客体（客观存在的人、事、物）的概念。甚至更进一步，有人提出了介于这些分类之间的灰色地带——过渡性客体的概念（常见的如儿童不离手的毛绒玩具或被子毛毯）。

○ **心智理论**：指个体理解自己与他人的心理状态，包括情绪、意图、期望、思考和信念等，并借此信息预测和解释他人行为的一种能力。

○ **精神病**：指严重的心理障碍，患者的认识、情感、意志、动作行为等活动均可出现持久的、明显的异常；不能正常学习、工作、生活；动作行为难以被一般人理解。在病态心理的支配下，可能有自杀或攻击、伤害他人的行为。

○ **抑郁症**：抑郁症又称抑郁障碍，以显著而持久的心境低落为主要临床特征，是心境障碍的主要类型之一。临床可见心境低落与其处境不相称，情绪的消沉可以从闷闷不乐到悲痛欲绝，甚至悲观厌世，可有自杀企图或行为，甚至发生木僵。部分病例有明显的焦虑和运动性激越。严重者可出现幻觉、妄想等精神病性症状。

○ **焦虑症**：又称为焦虑性神经症，是神经症这一大类疾病中最常见的一种，以焦虑情绪体验为主要特征。可分为慢性焦虑

(广泛性焦虑)和急性焦虑发作(惊恐障碍)两种形式。主要表现为：无明确客观对象的紧张担心，坐立不安，还有植物神经症状(心悸、手抖、出汗、尿频等)。

- **物质成瘾**：指个体强烈地或不可自制地反复渴求某种药物或依赖某种物质，尽管知道这样做会给自己带来不良后果，但仍然无法控制。
- **饮食障碍**：指由心理因素引起的长期厌食、贪食、偏食等身心疾病。
- **边缘型人格障碍**：其突出表现是人际关系、情绪、自我意象的不稳定和行为的冲动，持久的空虚、孤独感及一些短暂的精神症状，可有自伤行为。而这种情况应该是在童年或青春期就开始的，不是成年以后才出现的。
- **成人依恋访谈**：一种半结构式访谈，是关于成人依恋表征重要的研究方法，由George、Kaplan和Main于1985年提出。最初包括15个顺序设置的问题，现在修订为20个，这些问题要求个体对早期依恋关系、失去依恋对象、与依恋对象的分离等经历进行回顾和描述，并对这些经历在其个人发展及个性形成中的影响进行评价。评定结果所反映的是个体当前关于其早期依恋经验的心态或者表征。
- **陌生情景实验**：由美国心理学家安恩斯沃斯等人设计的一种心理实验，用来研究婴儿在陌生的环境中与母亲分离后的行为和情绪表现。
- **亲社会行为**：指人们在社会交往中表现出来的那些有利于社

会和他人的行为。其特征表现为高社会称许性、社会互动性、自利性、利他性和互惠性。亲社会行为是人与人之间在交往过程中维护良好关系的重要基础，对个体一生的发展意义重大。

○ **反社会性**：具有这种性格的人往往缺乏道德观念，缺乏罪恶感，情感不成熟，以自我为中心，缺乏自我控制能力。特征行为是以冲动和不负责任的方式，有时是敌意和严重暴力显露内心冲突。

○ **前语言期**：儿童语言的获得是对语言形式、语言内容和语言运用的综合习得。心理学的观察和研究表明，儿童语言的获得与发展遵循一定的规律，具有阶段性。虽然不同的儿童达到某一阶段水平的时间有早有晚，但发展的基本先后顺序是一致的。一般以儿童说出第一批能被理解的词为界，将学前儿童语言发展分为前语言期和语言发展期两大阶段。

CHAPTER 1

步入四口之家的心理准备

1 生二孩儿需要理由吗?

二孩儿，生或不生?

曾几何时，生二胎甚至三胎都是自然而然的事，没有人会问你为什么，而今天，我们却似乎需要一个充分的理由才能下定决心迎接二孩儿的到来。

结合调查与访谈，让我们一起来看看生二孩儿的困难：

困难一，经济压力大，不啃老没法活!

困难二，大宝反对，哭闹，甚至寻死!

困难三，夫妻两人达不成一致。

困难四，来自爷爷、奶奶的压力。

困难五，虽然想要，但没有人带。

困难六，妈妈无法面对事业与孩子之间的矛盾。

困难七，作为独生子女的我们，难以面对四老两孩新家庭模式带来的艰辛!

……

再来看看要二孩儿的理由：

理由一，大宝太孤单了，生个老二，有个伴儿!

理由二，还想要个女儿（儿子），最好凑成一个“好”字！

理由三，培养老大的责任感，让他（她）懂得分享与照顾！

理由四，一个孩子压力太大，以后也好有个分担！

理由五，不怕一万，就怕万一，我可不想成为失独老人！

理由六、老人希望要，那就要一个吧。

……

看到这些困难和理由，我们不难意识到，今时今日，在生二孩儿之前，必要的思考与心理准备的确已成为一个不可或缺的环节，那么我们真正应该思考和准备的是什么呢？

生二孩儿需要理由吗？

每一次“诞生”都孕育着希望，每一个孩子都是父母最独特的创造。然而，经历了独生子女政策的特殊时期，每个二宝的到来都带有了意外、恩赐的意味，并且似乎从一开始，他（她）的诞生就成为了一种选择，就承担了某种责任。

生二孩儿需要理由吗？如今看来这是一个似乎必须回答的问题。在这么多要二孩儿的理由中，我们看到有为了大宝的、为了父母的、也有为了将来的。在深深同感于父母们体谅独生子女压力与孤单的同时，我们却必须提示一个小又不小的问题，那就是二宝也和大宝一样，他（她）也同样是独一无二的！

为何说这是一个小又不小的问题呢？

说它小，是因为即便我们可能忽略了用同样的心态对待大宝和二宝，忽略了二宝的感受，也不表示我们不会善待二宝，更不表示我们所想到的这些要或不要二孩儿的理由没有道理。在需要克服那么多困难的前提下，如果不给自己充分的理由，真的会产生退缩甚至放弃这个念头，那么或许二宝根本就不会来到我们的生活里。

而说它不小，则是因为如果在要二宝的初心上我们就已经小小地忽略了他（她），那么在之后的教育中就难免会产生些许偏差。在调查中就有父母会表达："感觉对大宝不公平！"试想，如果因为二宝的到来，父母只体会到了大宝原有的"全部"的爱被分割，那么在这样的认识和感受下，父母一定会有两种行为倾向：

倾向一，尽量弥补大宝；

倾向二，不知不觉中忽略了二宝，因为他（她）得到的似乎本就是从大宝那里"抢来的"。

然而事实往往是，大宝未必真正在心灵上得到了弥补，他（她）反而会感受到自己被侵犯和掠夺，因为连爸爸妈妈都是这样认为的；而二宝也很可能在这种无意的忽略中受到伤害。

当然，这都只是可能，所以，让我们重新审视这个问题——生二孩儿需要理由吗?

生二孩儿需要的不是理由

原本如婚姻、生育、吃饭、睡觉一类涉及人类基本生存发展的问题，本就不是可以用任何一种理由来解释或支持的。人类文明发展到今天，我们拥有了更多的自主与选择，我们可以选择不婚不育，也可能因为政策及社会因素只能少生少育，但归根结底，生育的问题依然不在需要理由支持的范围内！

正常的人类繁衍与发展的需要就是最自然的意义所在，三口之家只是特殊历史时期的产物，而非人类进化发展形成的最健康的家庭结构，所以，生二孩儿，我们需要的不是理由，而是准备！

那些切实摆在我们面前的困难，可以成为我们选择不生的理由，也可以成为我们准备克服的障碍。只要我们进行了充分的思考与准备，在充分考虑了家庭状况后，如果条件允许，生二孩儿——让家庭更完整，家庭结构更丰富——将为我们和孩子带来共同的财富。

心理学视角怎么看？

如果确实还需要一些理由让我们有勇气克服那么多可能的困难，希望以下心理学视角下的理由，能够帮助爸爸妈妈们重新认识二宝出生的意义。

第一，不可替代的手足之情。当我们强调二宝分走了大宝原本完全的父母的爱时，却忽略了没有兄弟姐妹的孩子其实失去了拥有手足之情的机会。同学和伙伴都无法替代在同一个家庭中共同长大、一起玩耍、竞争又合作的兄弟姐妹，这样的兄弟姐妹才能给孩子带来完整的成长经验。这一点可以通过“多子女家庭的孩子会在长大后的社会生活中有更好的适应能力，更懂得如何与他人相处”的现象得到证实。

第二，人人都需要分享。与其说大家用道德标准排斥所谓的“自私”，不如说作为具有社会属性，拥有文明的人，我们都需要分享。马斯洛的需求层次理论阐释了人需求的五个层级：生理需求，安全需求，爱与归属感的需求，尊重的需求，自我实现的需求。在得到他人的分享时，我们会感觉到爱和安全，在分享给他人时我们会收获尊重与自我价值。一个家庭中，虽然孩子可以和父母分享，但终究难以像与另一个孩子分享一样真正享受到分享的愉悦，也就难以获得分享的收获。

第三，不可或缺的伙伴关系。随着年龄的增长，孩子探索的范围越来越大，仅仅有妈妈已经不能满足孩子的交际需求了。从3岁开始，孩子需要越来越多的伙伴关系，如果家庭中只有一个孩子，就只能由幼儿园的小朋友、学校的同学弥补这样的不足，但兄弟姐妹带来的则是全天候的伙伴关系。

第四，教育需要平常心。提到平常心，是因为我们往往能够理解，缺失爱可能会令孩子心灵受创，甚至影响孩子人格的健康发展，所以我们关心留守儿童、流动儿童，但好的养育仅有爱是不足的，失去平常心的重视同样会让孩子受伤。只有一个孩子时，爸爸妈妈会说：“我们不爱他（她）爱谁？”爷爷奶奶会说：“我们不疼他（她）疼谁？”这种情况下平常心并不像想得那么容易做到。而孩子多了，不用特别努力就很容易找到平常心，爱依然是爱，但不会让孩子偏离孩子的位置。孩子可以因为年幼而被照顾，因为可爱而被疼爱，但不能处在家庭的核心，逾越家庭关系的基本伦理。时下总有人说：“别太把自己当回事。”但当只有一个孩子时，想不把孩子当回事，父母难，想不把自己当回事，孩子难。

列举二宝带来的其他益处并不难，但对二宝而言，却会因此多了一些价值判断，少了一些情感的期待。请允许我为二宝代言：妈妈爸爸，我来了，如果一定需要一个理由，我希望只是因为你们爱我！

2 生二孩儿谁的意见最重要？

你的答案是什么？

相信看了这个问题，我们都已经在脑海里浮现出了自己的答案，那么不妨先来看看案例。

【案例1】

“砰！”的一声，女儿卧室的门被重重地关上了，门里女儿贝贝大声地哭叫着“我不要小弟弟！我不要小妹妹！”。门外杜若呆坐在沙发上，已泣不成声。先生坐在餐桌旁，垂头烦乱。自从两天前他们夫妻告诉13岁的女儿一个事实，“妈妈怀孕了，可能要给你生个弟弟或妹妹”后，女儿瞬间就爆发了，大哭大闹，不去上学，也不吃饭。女儿的这种情绪反应和行为表现，是杜若始料不及的，她伤心、吃惊、后怕，在她眼里一向听话、整天粘着她撒娇的女儿不见了，女儿变得无理取闹，不可理喻。

【案例2】

我家老大是男孩，爷爷奶奶帮忙带的，白天他们带，下班回家我自己带，他们负责做饭家务。我先生经常出差，偶尔在家也不管儿子。孩子两岁半的时候爷爷病了，就和奶奶回老家了一段时间，那时候是我爸妈帮忙带了半年。孩子3岁的时候爷爷过世了，奶奶又回来带老大，现在老大马上4岁了。

二宝是计划外怀上的，我自己并不想要老二。怀孕一个多月的时候，先跟我先生说了，我先生一直想要老二；再跟我妈说了，我妈说不要指望她帮忙；探了下奶奶的口风，她也觉得多一个孩子累，但是已经怀了，打胎伤身体，生下来她可以帮着带，但要请人做饭。过了十来天我爸来找我，要我把孩子打了。我爸说我和先生年纪不小了，体力精力也都不好，再生个孩子也享不到孩子的福，自己也太累，不如不要。

虽然我也不完全指望父母带，但这个孩子不被祝福我还是很难受，这反而坚定了我要把他（她）生下来的想法。但是想到未来就有点头大，老大很叛逆，养他到4岁耗费了很多精力，去医院的频率也高。我先生也不管事，最近说换房子，每次都是我这个孕妇去张罗，他根本都不管。我爸妈又意见很多，搞得我人都要抑郁了，好心烦！

看了以上两个案例，我们对上面的问题已经有了两个答案。

一，大宝。

二，爷爷奶奶（姥姥姥爷）。

没错，他们都是我们生二宝前应该征求意见的家人，但他们的意见是否有决定性呢？我们还是要分别分析。

大宝反对吗?

自从二孩儿放开以来，大宝逼父母放弃生二孩儿的新闻见诸报端，各类媒体也纷纷转发讨论，虽然难免有炒作赚人眼球之嫌，但也未必全都是空穴来风，这让不少想要二孩儿的父母都产生了顾虑。客观地了解和分析后，我们会发现，大宝的反对背后往往带出的是不安、担心和烦躁，而达到坚决反对程度的，一方面其实不如媒体宣传的那么多，另一方面则是这些反对的孩子中以两个年龄段的孩子居多——3~6岁和青春期。

以上分析是希望呈现给爸爸妈妈们一个容易展开思考的视角，那就是——大宝为什么反对？孩子的不安源于哪里？为什么有的孩子反而很支持？大宝们心里真正的感受是什么?

大宝不安吗?

对于即将到来的小弟弟小妹妹，每个孩子都会有不安全感，即便是支持父母生二孩儿的大宝也同样有这样的感受，只是强烈程度不同而已。为什么会有不安全感？又为什么有的孩子会有那么强烈的不安全感，甚至要做出过激行为，不惜伤害自己呢？可能的原因很多，这里举出几种以供参考。

第一，孩子3岁之前的养育是否主要由妈妈完成，是否与妈妈建立了良好的“安全依恋”？如果孩子与妈妈长期分离或阶段性分离，或者即使妈妈一直在身边但孩子与妈妈的情感交流不足，都比较容易产生问题。

第二，在建立安全感的关键期——0~1岁——孩子是否得到妈妈或主要抚养人很好的照顾，建立了好的安全感?

第三，在日常生活中，孩子是否听到了一些关于小弟弟小妹妹的负面描述？对于孩子，尤其是年龄越小的孩子，一些大人所谓的玩笑是不被理解的，这些玩笑也就会成为他(她)心中的“真实”。

第四，孩子是否平时就容易过激，任性？那么也许激烈反对只是他(她)一贯处理焦虑，解决问题的方式，无论是否要二孩儿，这都是需要帮助他(她)改善的。而如果不是，那么我们更要在孩子的安全感及孩子与父母的依恋关系上进行思考。

3~6岁和青春期意味着什么?

3~6岁的孩子，自我意识刚刚形成，也就是自我意识最“膨胀”的时候。有些网友会表达：“现在的孩子怎么都这么自私？！”其实，作为孩子，尤其是幼儿阶段的孩子，刚刚认识自己，区分“我”与别人，当然是以自我为中心的，这与成人概念中的自私是有差别的。我们每个人都是先有“我”才有“你”，先有“我的”再有分享甚至奉献。另一方面，这个年龄段的孩子正处于产生“嫉妒”情绪并开始学会应对这种情绪的阶段。正因如此，3~6岁的孩子更容易因为弟弟妹妹的到来增强他(她)的不安全感受。

而青春期阶段是孩子另一个自我意识“膨胀”的阶段，除了叛逆与反抗的因素外，因为他(她)正处于孩子与成人的交界线上，会觉得自己已经是成人了，这时新增的弟弟或妹妹可能会带给他(她)羞辱感。而且这个阶段孩子的情绪波动大，自控力弱也是容易产生过激行为的主要原因之一。

大宝的不安怎么办?

分析到这里我们应该已经有点理解孩子不安无助的心情了，那么是不是大宝反对我们就不应该要二宝了呢?

很明显，孩子的判断与决定是从情绪出发的，而且他(她)对将有弟弟妹妹这件事并没有真实的理解能力和判断能力，只是停留在自己的想象中。所以，与其说所谓尊重孩子的意见，不如去理解和接受孩子的不安。解铃还须系铃人，能够解决这种不安的也只有妈妈爸爸!

当然，解除孩子的不安，甚至让孩子原本建立得并不那么好的安全感得到修复，不仅仅是对孩子说：“妈妈爱你!”就够了。但是同时，能够充分意识到原来孩子的安全感不足就已经是一个好的开始，在今后的教养中更贴近孩子，给予孩子呵护才是真正解决问题的思路。

在这里要澄清一个观点，也许有的妈妈会为没有从小将孩子带在身边而深感自责，或责备爷爷奶奶(姥姥姥爷)照顾不周。而事实是，与妈妈爸爸的依恋，是其他任何抚养人无法代替的，我们不要责备老人，同时也不必过分责备自己，孩子的成长是一个连续的过程，我们需要的只是从此刻开始，做一些改变，给孩子新的成长机会！

更需要强调的一点是，其实每个孩子都会有不安的情绪，只是强烈的程度不同，表达的方式不同。并不是表示反对才是安全感不足，大宝的情绪激烈，行为过激固然是必须给予关注和调整的，对弟弟妹妹表示支持甚至期待的大宝，同样需要我们的关心，需要我们留意他（她）的情绪变化。尤其是有一部分孩子会表现出沉默或无所谓的态度，但并不表示他（她）真的无所谓。

如果孩子反应过分激烈，那么确实要在很好地处理了孩子的情绪及可能的心理问题后再准备要二宝更合适一些。

必须得到老人的同意吗？

再来看看【案例2】，这样的隔代养育已经成为我们生活中非常普遍的抚养方式。据不完全统计，我国有近70%~80%的幼儿是由爷爷奶奶或姥姥姥爷隔代养育的，只有约20%的幼儿由父母自己养育。这是一个严重失常的比率，正是因为这种现状，才让家庭错位的现象拥有了广阔的生存空间。同时也因为这种现状，很多想要二孩儿的父母不得不受制于爷爷奶奶或姥姥姥爷的意见而无法自己做决定。

大量的婴幼儿成长研究均显示，孩子越小的时候越应该由父母亲自养育，而越是正常的家庭关系模式，越能够成为孩子健康成长的基础与保障。然而在社会、文化等诸多因素的影响下，隔代养育又是当前大多数家庭不可避免的现状。换句话说，爷爷奶奶（姥姥姥爷）是否是生二孩儿必须商量的对象，取决于父母是否能“独立”，这个“独立”正是从独立养育自己的宝宝开始的。

究竟谁的意见最重要？

从孩子健康教育的视角，生二孩儿的问题，我们究竟最应该征得谁的同意呢？答案就是——爱人。

虽然在目前的家庭中，存在父亲缺位的现象，或者存在女性由于事业与家庭无法兼顾等原因而不愿生二孩儿的情况，但夫妻双方始终是生育、教养孩子，分享快乐，分担责任的命运共同体。夫妻双方能够共同做好生二孩儿的准备，共同抚育两个孩子，面对可能的困难，不仅是孩子最需要的健康家庭模式，同时也是夫妻双方需要的健康两性关系。让老人回归本位，只成为小家庭的辅助而不是主力，让父亲回归本位，承担起对孩子教育必需的责任，这才能共享天伦之乐。共同陪伴孩子成长能带给孩子美好的童年，也将带来夫妻感情的升华。

家庭的基本要素是尊重，当夫妻之间不能达成共识的时候，需要尊重对方的意见，多反思让步，不建议在夫妻没有达成一致意见时因赌气或冲动而决定要二孩儿，这相当于在拿孩子的健康快乐做赌注，也会为家庭的和谐留下隐患。

3 经济压力怎么解？

二孩儿妈妈怎么说？

【案例3】

要说有了二宝的感受，除了疲惫，也给家庭带来了沉重的经济压力。以前先生年薪12万元，我8万元，带一个孩子。现在，靠先生一个人养我们三个，还要还房贷。多一个孩子远不是多一双筷子这么简单，奶粉300元一罐，每月要1000元了；尿不湿每月400多元；打一次五联疫苗650多元；衣服除了捡姐姐穿小的，每月也要花100元左右……现在每月开支至少要多3000元。

【案例4】

我家经济说得过去，但也不富裕，有了二宝还是感到了经济压力，过两年孩子上学，老人养老，夫妻俩压力还是不小的。

不过有了二宝，为了两个孩子能生活在一起，终于可以住得离爷爷奶奶近些了，为了每天看到两个孩子，为了能积极参与到大宝的教育中而不仅仅做周末父母，努力！

经济方面还是要精打细算些，原来大宝在爷爷奶奶家，我们夫妻常加班，回家也懒得自己做饭会经常出去吃，用钱也没有计划，现在开始要有所调整了。对孩子的教育除了花钱也要自己多用心，以后报课外班也希望可以少而精，家长引导，注重质量。另外，希望二宝跟大宝一样都是女生，这样衣服的花销也可以节约一笔。

【案例5】

经济压力没有那么严重！生老大时，我孕期的补品没那么贵，孩子也很少用尿不湿，1岁以内纯母乳喂养。我坚持上班，没有请假，后期也没用保姆，妈妈和婆婆帮忙带孩子。大事小情都是亲力亲为，其实花不了多少钱的。

经济压力真的难以承担吗？

看了以上三个案例，你是否有重新再看一遍的冲动，的确，对不同的妈妈，所谓的经济压力根本不是一回事，养育一个孩子需要多少支出也基本没有可比性。所以我们不必参照别人的养育标准，如同小学课本里学过的“小马过河”，因为有了大宝的经验，我们只需要结合自己的养育方式、家庭状况，以及可能的额外支出来估算二宝可能的消费支出。

而以上得出的结果其实还可能有很多变数，如【案例4】的妈妈所言，在不同的情况下，压力会以动力的形式影响你的生活。二宝的到来其实非常切实地给了家庭一次财务管理水平的提升机会，让爸爸妈妈反思一下在大宝的成长过程中，是否有不必要的开支，是否有过剁手党的冲动。如今作为有经验的即将拥有两宝的宝爸宝妈完全可以优化家庭支出，做一次消费精简。

在不降低生活水平的前提下，首先要精简的是不合理开支，其次是奢侈品开支，然后我们再来预测二定带来的“经济压力”是否可以承受。如果不是必须大幅度降低生活水平，或者原本生活开支就很拮据，那么当我们专注于解决问题时就会发现，办法往往比困难多，经济压力并没有想象中那么难以承担。

是压力大还是在犹豫?

在以上案例中，我们可以发现在不同的心理支配下，我们会用不同的方式应对压力，如果确实决定要二宝，那么“精打细算”“理财”“节约”……我们可以做很多改变与调整。二宝的到来让我们的生活发生了改变，尤其是对工薪阶层，然而影响会有多大，不完全与收入成正比，更可能与我们如何应对相关。

可是如果我们在犹豫，甚至本来就并不想要二宝，那么经济压力就必然是个非常实在的理由。所以，建议夫妻双方更理性地面对二宝带来的压力，正视双方可能的不愿意，相互理解和支持，排除顾虑后再要二宝。

要二宝最大的成本在哪里?

什么样的养育才是好的养育？用“花王”还是“帮宝适”，喝进口奶粉还是国产奶粉，上一年十万还是一年一万的早教机构……这些都与钱相关。同时，我们也都知道花钱多并不代表就是所谓好的养育，或者说，对孩子的好有时与金钱根本无关，有可能一根不要钱的棍子或几毛钱的玻璃珠带给孩子的乐趣远高于几百元买来的电动玩具。而作为心理学工作者，我也支持早教对孩子的意义，但对于参加“早教课”就是“早教”这样的概念置换，还是深表怀疑，有可能，妈妈经常陪伴朗读绘本或讲故事唱儿歌的孩子要比像赶场子一样参加早教课的孩子看上去更快乐、聪明。

其实最好的养育就是比钱还珍贵的东西——时间——爸爸妈妈用心的陪伴，理解孩子的感受，给孩子适合的回应，这无须太多经济支撑，但却是我们决定要二宝时就决定要付出的最大“成本”。

4 事业与孩子之间怎么选?

生二宝会不会后悔?

近代以来，女性走出家庭，站在了更大的社会舞台上展示自己，这也在悄悄地改变着全社会的婚姻观与生育观。从怀孕到生产，再经过哺乳期，每一次生育都意味着一至两年职业的停滞期，而事实上孩子真正需要妈妈的时间远比这更长。也就是说，大多数职业女性是牺牲了很多陪伴孩子的时间来投入自己的事业，抑或是牺牲了再登事业高峰的机会养育孩子。越是有职业理想和追求的女性，可能越要计算“生育成本”。因此，如果说第一个孩子不得不生，那么生二孩儿，就真有些“奢侈”的味道了。

【案例6】美琪 33岁 杂志编辑

美琪曾经为工作毫不犹豫地打过两次胎，可转眼到了30岁，她还是决定生一个孩子。儿子出生后，婆婆来帮着带孩子，她还没休满3个月产假就回去上班了。但当孩子不愿意和她亲热，一定要奶奶抱时，美琪还是会感觉失落，甚至伤心。于是她只能不停买玩具讨好孩子，但也只能换来片刻安慰。

儿子快两岁的时候，婆婆去世了，为了孩子，美琪辞职在家当起了全职妈妈。事业停顿了，但她这时才真正收获了儿子给予的无与伦比的幸福。儿子上了幼儿园，她计划重新踏入职场，也找到了一份不错的杂志编辑工作，却发现自己又怀孕了。

她和先生都是独子，从小就特别羡慕周围那些有哥哥姐姐的同学。在家里带孩子的时候，有时看儿子没有小伙伴一起玩，美琪也曾想如果儿子有个兄弟姐妹就好了。

她说："如果早一点知道怀孕，还没有面临这份工作的诱惑，我会毫不犹豫地生下这个孩子，即使只是为了儿子。如果是以前的我，那会毫不犹豫拿掉这个孩子，因为他（她）根本不在我的计划内。可是现在，我的母性让我想留下他（她），可留下他（她）我就得继续留在家里，而且一切又要从头开始，这次甚至没有婆婆相助，我要独自带大两个孩子。做编辑不是高科技，但还是需要跟上时代的思路，在家里做几年的黄脸婆，每天只是围绕孩子的吃喝拉撒，很快就会被时代淘汰的，几年后，哪家杂志还会要一个奔四的人？我现在还在犹豫不决，因为我知道无论我怎么选择，将来都有可能会后悔。"

事业与孩子间的选择有没有标准答案？

这个问题没有标准答案，在心理学的视角，也更尊重每个个体自己的选择。事业给予每个人的价值感不尽相同，每个人能够成就的事业高度也各不相同，因而，无论做出什么样的选择，重要的是贴近自己的需要。

但需要提醒各位妈妈的是，人生总是在做选择，选择没有对错之分，只要对自己的选择负责，尊重自己的选择就是正确的。人生的价值与事业的高度或者成为妈妈的收获不可简单的一一对应。尽力追求事业的高峰，实现期待的人生价值，或者把家庭当作事业经营，给予家庭和孩子全部的爱，都是正确的选择。

想告诉妈妈的更重要的一句话是——孩子和事业并不是绝对矛盾的，真正的矛盾是希望轻轻松松保持现在的生活状态不改变，而又收获孩子和事业这两样弥足珍贵的成就。如果你准备好打破现有的生活状态，付出更多的努力和不容易，你将收获更多!

各位爸爸，在这个问题上，希望你能够以理解与沟通的态度与爱人协商，如果爱人坚持选择事业，那么无论对爱人还是孩子，也许理解与支持是更明智的选择；但如果爱人更顾及家庭的需要而选择要二孩儿，此时爱人和孩子最需要的仍是你的支持与关怀。对妈妈而言，收获了爱人的理解与分担，收获了孩子的可爱与天真，共享家庭的温暖，那么事业受到影响将不再会成为她的遗憾，也不会成为家庭不和谐的诱因。

爸爸妈妈沟通各自的心意，通过协商，相互配合才是最重要的，是否生二孩儿并不决定家庭的绝对幸福，但夫妻之间的和谐关系则直接影响着家庭的整体幸福和孩子的健康成长。因为任何一件事的意见分歧破坏和谐的关系都是得不偿失的。如果真的不能给予孩子好的家庭生活和健康成长的环境，选择生二孩儿又有什么意义呢?

5 四老两小的艰辛如何担？

这些压力你有吗？

几乎所有正在抚育子女的爸爸妈妈都会面临如下问题：

第一，由于没有针对抚养孩子的安全保障，大部分父母都会纠结于对经济方面的担心，由此产生的恐惧影响了他们享受孩子带来的幸福感，也影响了他们愉快抚育孩子的能力。

第二，社会对育儿父母的支持几乎等于零，夫妻双方都发觉育儿这件事是他们在时间上、情感上以及生活的选择与享受上难堪的重负，这是存在于我们社会组织中的，鲜受关注却非常严重的问题。父母育儿的工作应该切实得到关注，提供适于父母和他们孩子需要的简单可行的帮助是社会发展更文明、更先进的体现。

第三，大多数缺乏支持的父母会有更多难以自控的情绪，而当对爱人或孩子态度暴躁后又会感到深深的内疚；经常不明白孩子究竟需要什么，感到孤立无援，又无法说出自己面临的真正困难，感到筋疲力尽，他们是如此的累以至于很难解决问题或者照顾好自己和孩子。

【案例7】

在某医院碰到带孩子来打疫苗的丽丽妈时，一眼就能感受到二孩儿妈妈的辛苦。当时，她一手牵着4岁的大女儿，一手抱着4个多月的小女儿，背上是个很大的妈咪包。打疫苗的时候，小宝哭得惊天动地，大宝闹着要回家，包里的票据散落一地。

狼狈！——她用这个词来形容家有二孩儿的状态。这和去年发现怀上二宝时的雀跃形成了鲜明的对比。丽丽妈说："二宝是意外怀孕。当时我和先生也没想清楚是不是要，但双方老人坚持一定要，说多个孩子也就多双筷子，辛苦两年孩子也就带大了。"没想到，接踵而来的问题，让这个小家庭几乎陷于崩溃之中。

丽丽妈叹气，"先是姥姥希望二宝能够跟我姓，但奶奶坚决不同意，姥姥一气之下回了老家，过了不久奶奶也因故离开，原本就没怎么带过孩子的我一下承担起了带两个孩子的工作，先生又不帮什么忙，一切变得乱了套，我再也没有自己的时间，只有疲惫。不知道流了多少眼泪，还和先生吵了不少架。"

这是一个很有代表性的案例，如今的新手父母大多数是独生子女的一代，而"独生子女"仿佛是一个时代的标签，代表着这样一代人——他们经历了众星捧月般的"爱"，又往往背负着沉重的感情负担。为什么在"爱"上打了引号，因为作为独生子女，几乎每一个孩子都会得到来自家庭毫无保留的付出，然而同时他们也承载着整个家庭毫无保留的期待，而这两者的叠加很难说只是被爱的感受。除了情感，他们比任何一代人都更要求独立，追求个性，然而他们又难以真正独立，成长过程中太多被代替，缺少对现实事务的处理经验，真正步入社会和婚姻他们才开始尝试独立生活。其实他们中的相当大一部分依然不需要学习生活，因为父母依然会包办。

虽然这不是每个“独生子女”的特征，但的确有相当的代表性，如今要他们又要组建四口之家，老人的年龄已渐渐不允许再承担过多的责任，两个孩子又必然带来更多事务，他们应该如何面对四老两小的崭新生活？

四老两小如何担？

在不久的过去，一个妈妈带四五个甚至更多孩子，还能同时照顾整个家庭的其他事务，而如今六个人围着一个孩子团团转，却似乎都累得人仰马翻。

这是一个很值得反思的现象，首先因为太多人的介入，大量的时间精力都浪费在了内耗上，如何喂养的争执，如何教育的拉锯，争夺孩子最亲人的“宝座”，在亲情的羁绊下情绪如何宣泄，付出与回报永远无法平衡……如果没有人选择放弃争夺，想要和谐地处理这一切几乎不可能！

然而非常遗憾的是，放弃争夺的往往是爸爸妈妈，于是无论是在养还是育的过程中，小两口退居二线，寻得了片刻的“宁静”，却埋下了无数隐患：父母与孩子的情感依恋有问题；孩子的性格养成有问题；与老人的关系也同样有问题。

而更重要的是，为人父母是一次难得的成长机会，是人生的重要组成部分，没有亲历孩子成长的点滴，也等于放弃了自己成熟、独立的机会。试想不成熟、不独立的小两口如何能独立面对老人的老去，二宝的到来?

记得前面提到的“归位”吗?老人回归自己的位置，让孩子独立承担自己的责任，才是对他们最好的爱，也是对自己的善待！而妈妈回到妈妈的位置，爸爸回到爸爸的位置，正常的家庭模式才是孩子健康成长的基础。当然，独立不是绝对的“单干”，而是有主有次。如果从大宝就开始以自己为主、老人为辅的抚养，那么当二宝到来的时候，妈妈爸爸心中有数，就不会那么无助！

当然，如果已经没有经历大宝的成长，那么二宝给了我们又一次机会。从成为父母的那一天开始，无论我们是否刻意，都会发现自己的心态、感受已不同以前，这是天性使然，一颗爱孩子的心就是能够克服一切困难，承受一切不容易的根基。而缺少的经验，在信息高速路的今天，学习的便利让任何经验都可以通过分享交流快速获取。当然正因为信息量大，同时也需要我们在学习中反思，结合孩子的成长，选择专业的学习渠道，让育儿的过程变得快乐又从容。

至于如案例中所呈现的大宝哭、二宝叫的场面如果很多，那么是时候思考自己教育中的偏差了，或者直接寻求专业人士的帮助！事实上，如果教育得当，孩子会像愉快的小树苗，不但不会问题多多，反而还会关心爸爸妈妈，吃饭、睡觉、学习、游戏都是自然而然的事，两个孩子相互陪伴，父母只会越来越轻松。

小结：

任何一种选择都有利有弊，尊重自己的意愿就是最佳选择！如果确定要二宝，那是因为对家庭、对孩子、对自己的爱，困难一定会有，但办法肯定更多。保持愿意克服困难的态度，付出积极克服困难的努力，当你专注于问题解决的方法就会忽略问题带来的烦恼！

家庭里每个成员都有自己的位置，任何的错位都会给家庭带来风险，给亲人带来伤害，而孩子则是最容易受伤的那个。二宝来了，让他（她）和大宝一样，回归自己的位置，也让家人各自回归自己的位置，就是对家庭最好的爱的方式。

CHAPTER 2

大宝的烦恼和父母的办法

1 大宝：有“弟弟”就不喜欢我了？

一项对学龄前儿童的研究发现，从母亲再次怀孕到新生儿出生后的4~8周内，很多大宝的“依恋安全感”出现显著下降，表现出一些异于以往的行为。这种依恋安全感的下降使母亲感到孩子似乎与自己不再那么亲近，甚至出现对自己的敌对情绪。于是一切都不再平静，本来就情绪波动的孕妈妈，面对孩子的变化，如果没有留意就如同漠视，如果手足无措就传递焦虑，孩子就会更为烦躁、不安，问题层出不穷。

怎样才能安抚大宝，减少自己的内疚，同时给二宝快乐温暖的妈妈和哥哥（姐姐）呢？

越忙孩子越要叫你吗？

每个孩子都渴望有更多的时间更亲密地与父母在一起，这些渴望就是孩子晚上不愿去睡觉，早上不愿穿好衣服去幼儿园或奶奶家，甚至看见父母相互拥抱或打电话都会不高兴的主要原因之一。即便只有一个孩子时，他（她）也会通过各种方式表达对你的需要，如果可能，他（她）希望你给他（她）更多，甚至是全部的时间和关注！比如他（她）会在你和闺蜜聊天的时候不停地叫着："妈妈，妈妈，妈妈……"直到吸引到你的注意为止，当然换回的也可能是批评甚至责骂。其实越是在你忙着什么的时候，他（她）就越可能要让你注意他（她），因为他（她）已经感觉到你没有在关注他（她）了！

作为家庭新成员的二宝无疑会分散你的精力，不管是怀孕时嗜睡，还是小宝出生后要照顾，或者要恢复自己的身体，都会让你无暇更多地关照大宝，都有可能让他（她）感到不安。而这种忽略或顾不上的频率越高，越会加强大宝的这种不安。不同年龄段孩子的不安又会有些不同，这个不同一方面是他们的感受会不同，另一方面是他们会用不同的方式表达出来，越是年长的孩子情感越复杂，表达也越丰富。

不同年龄的大宝都会怎么表现？

【案例8】

彤彤今年6岁，自从知道自己要当哥哥了，彤彤就一直很开心，也很期待，围着妈妈的肚子问这问那，还像小大人一样照顾妈妈。爸爸妈妈原本还很担心，这下可踏实了，安心地准备迎接小宝的降生。可就在小宝刚出生不久，一天，带小宝很疲惫的妈妈正在睡觉，彤彤突然大哭起来，妈妈吓了一跳，赶忙问他怎么了，他一边哭一边说："妈妈，是不是有了小妹妹，你们就不喜欢我了？"

【案例9】

几个朋友一起小聚，张兰见自己两岁的小女儿和朋友方梅5岁的女儿玩得特别融洽，相互依偎，别提多可爱了，就对方梅说："你不考虑再要一个？你看她俩玩得多好！"没想到方梅脸色有变，赶忙看向自己的女儿小玲，果然小玲大叫起来："我不要，我不要……"好不容易才让孩子安静下来，方梅偷偷对张兰说："只要一提要个二宝，她就这样，看她那么难受，我也就没那个心了！"

【案例10】

李芳夫妻俩很喜欢孩子，自从二孩儿政策一出，就准备再要一个，和13岁的儿子商量时，儿子表现得很平静："随便你们。"然后就回了自己的房间，夫妻俩也没有在意。就这样，小女儿顺利降生了，但儿子平静得有些冷漠，话也比以前少了很多。李芳也想营造一家四口相处的愉快氛围，可儿子最近好像功课特别多，吃完饭就回自己的房间了，这让李芳夫妻多少有些担心，但又觉得是不是自己多虑了，儿子其他一切如常，也许只是长大了吧！

以上几个案例都是在二宝出生前后发生的真实小故事，那么我们该如何理解孩子不同的表现呢？如前面曾经提到过的，每个孩子都会因为二宝的到来感到不安，而在不同年龄段又会有不同的表现，必须结合每个孩子的性格及安全感建立的情况综合分析，才可能贴近孩子，给予孩子适当的回应。

两三岁以下的孩子

我们先根据年龄来看，以两三岁为分界线，两三岁以下的孩子因为还不能很好地通过语言沟通，父母往往就会认为他（她）们没有什么感受，也不会有不安，更不会反对。而事实是，孩子的感受力是与生俱来的，孩子出生后的前三年是重要的人格形成期，这个阶段孩子的安全感建立还不稳固，又无法表达自己的感受，所以父母更应该悉心关注。

两三岁到五六岁之间的孩子

在幼儿期安全感建立得好的孩子在这个阶段会显得更开心，情绪更稳定，也更容易与他人相处，同时也会表现出对新事物的兴趣与体验的能力。【案例8】中的宝贝彤彤就有这样的特征。

但为什么彤彤又会突然哭泣，并有“是不是妈妈有了小妹妹就不喜欢我了？”这样的疑问呢？我们注意到妈妈怀孕时就嗜睡，刚生完二宝又需要休息并且还要照顾二宝，所以难免在一段较长的时间内有可能会忽略了大宝，对大宝关注不够。作为一个刚刚6岁的孩子，他的性格稳定性还不够，所以会因为这种忽略而感到“危机”——妈妈不再那么喜欢自己的“危机”。

但彤彤用大哭及告白的方式表达他的担忧、委屈，又反过来证明了他在之前的养育中体验到了爱并形成了和妈妈很好的依恋，这使他能够在感到被冷落或委屈时大声说出来。换句话说，不能够或不愿意对妈妈表达自己的情绪与感受很可能是孩子压抑、拒绝、失望的表现。

而【案例9】中的小玲用激烈的方式表达自己的深刻不安，可能是由于孩子平时与父母或主要抚养人之间习惯于用任性的方式解决问题，而主要抚养人束手无策；也可能是孩子也有安全感的问题或对妈妈的依恋问题；但更可能的是孩子不知从什么渠道得到了一些关于弟弟妹妹的负面信息。

好奇是孩子的天性，孩子不会想当然就把还没到来的弟弟妹妹理解为一件坏事，好奇并追问，如同期待一个小洋娃娃一样期待拥有一个小弟弟小妹妹才更符合他们的年龄特点。而案例中的孩子如此笃定并激烈而坚决地表达，难免让我们推测孩子受到了一些负面信息的影响。

其实有相当多的成年人会认为孩子听不懂而不避讳自己谈话的内容，更有甚者喜欢看到孩子天真的误解，会和孩子说一些明知道会让孩子介意的话题看孩子的反应，比如“你妈妈有了弟弟妹妹就不喜欢你了！”殊不知这个年龄段的孩子是真诚的，因为孩子太过真诚，所以他们相信，因为相信而害怕、痛苦。

因此，这个年龄段的大宝，需要的是我们及时关注他们的情绪变化并与他们有效沟通，通过我们细致的爱的力量让他(她)感受到他(她)依然是妈妈最心疼的宝贝，从而消除他(她)担忧和害怕的情绪。

五六岁以上的孩子

五六岁以后，越大的孩子的情绪越复杂，所以并不好简单概述。而且这时孩子表现出的不快乐、不正常的举动往往不简单是二宝引起的，更可能和他(她)本身已经形成的一些习惯有关。或者说即便没有二宝，这也可能是他们需要调整的问题，只是因为二宝的来到，让这个问题更早显现了出来。

【案例10】中哥哥的表现，明显有些冷抵抗的味道。在任何关系中，冷战术往往都是沟通不畅的表现。当有情绪或不满时，我们一般都会经历这样一个过程，先是各种小抵抗，可能是发牢骚，也可能是做一些发泄的行为，但一般问题得不到解决；于是开始尝试沟通，可能是“我们谈谈”，更可能是争执甚至吵闹；如果一段时间或者几次交流后问题依然没有解决，就开始进入冷战阶段。然而温暖的关系是每个人的基础需求，所以冷战术是非常有杀伤力的，一定会有人试图挣脱这种关系状态，于是开始进入新一轮争吵，如此这般问题再得不到解决，就会慢慢“哀莫大于心死”，最终关系破裂。以上是在矛盾始终没有解决的情况下人与人关系的一般发展过程，每一个阶段的行为都是我们试图改变的尝试，也很可能在某一个环节已经使关系得到了改善，事情向着好的方向发展了。

而在孩子与父母的关系中，孩子是弱势的一方，很难与父母争执，甚至都没有话语权，所以在很多沟通不畅的家庭中，我们看到更多的是孩子选择了放弃与父母沟通，他们或者缩回自己的“壳”里不愿意出来(迷恋网络)，又或者开始选择向外发展(早恋)。所以，对于孩子，在他(她)成长的过程中，被理解、被允许表达是非常重要的，每一次家庭里的小小冲突都可能是我们解决家庭不和谐问题的契机，如果一次次错过，则可能陷入无力解决的危机。

这是这个年龄段孩子的一种情况，还有很多可能的情况，其实某个年龄段也好，某种行为表现也好，都要具体到这个孩子自己，我们要遵循一个根本相同的基本原则——体验孩子真正的感受。

孩子的危机感可能源于有二宝后家长一时的疏忽，也可能源于更早就一直存在的缺乏安全的依恋关系，也可能来自于成人们所谓玩笑的伤害。父母在任何时候，因为任何事都要关切到孩子的真实感受，而不是想当然地忽略他(她)或用自己的认知代替孩子的，只要不让孩子因为二宝的到来而觉得有丧失感，每个孩子都有能力适应家里的新成员!

2 大宝：妈妈的“奶奶”是我的！

母乳喂养不仅带给孩子营养

【案例11】

正在喂小儿子吃奶的美丽抬头看到3岁的大女儿小美正眼巴巴地望着自己，突然有些心疼起来：“来，到妈妈这儿来。”小美急忙跑过来，投进了她的怀抱，但眼睛还是没有离开正在吃奶的弟弟，突然小美仰起头，噘着嘴说：“妈妈，‘奶奶’是我的！”

在解读这个现象之前，我们要先了解一下吃母乳对孩子的意义。我们在推崇母乳喂养时更多会关注母乳的营养和能带给孩子的免疫力，而除了这些，吃母乳对孩子的心理成长同样具有重要意义。吃母乳是孩子与妈妈最亲密的接触，孩子可以感受到之前在妈妈肚子里感受到的熟悉心跳，从而获得更多安心与踏实；妈妈也可以在孩子的吮吸和抚摸中获得平静，恢复身体和心灵的疲惫。哺乳的过程是妈妈与孩子通过目光接触建立良好情感依恋的过程，也是孩子建立安全感最初也最重要的过程。

每个刚刚离开母体的孩子，除了妈妈的心跳和气味，对一切都是陌生的，通过乳房他（她）感受到被爱，感觉到安全，感觉到自己的存在，同时也感觉到妈妈的存在，所以，在生命之初，乳房就是妈妈，就是安全，就是爱！

说到这里，我们应该已经能够理解对一个刚刚断奶的孩子，看到小弟弟小妹妹吃奶时心中有多么担心和失望，而越是年龄小的大宝，这种情绪就越会影响到他（她）。而且，他们可能还不太会表达，所以更需要我们关注他（她）的感受，体验他（她）的情绪。孩子越小的时候，父母的责任就越重。而年龄越大的孩子，妈妈的形象在他（她）的心中更丰富、更具体，和小弟弟小妹妹争奶的可能性就越小了。

大宝要确认妈妈和爱还在

当大宝争取“奶奶”主权的时候，妈妈应该怎么做呢？如果我们理解了他（她）对“奶奶”的爱，也就理解了他（她）的担心委屈，就不会用任何语言或行为否定他（她）争奶的举动，而是拥抱他（她）、接受他（她），可以再次让他（她）像小时候那样体验吃奶的感觉。当孩子真正感受到“奶奶”还是他（她）的，也就是妈妈还是他（她）的时，他（她）反倒不会迷恋了，因为此时的他（她）已经有更广大的空间需要去探索，实际上，他（她）需要的只是确认妈妈和爱还在那里。

其实我们成年后依然会有类似的举动，当我们希望爱人不要忘记纪念日礼物时，需要的不大是礼物的贵重，而是那种被在乎的感觉。当爱被确认后，我们就可以踏实去做其他的事了，如果没有确认就开始怀疑、不信任、查手机……孩子也是一样，如果妈妈没有注意到他 (她) 的不安，或者不理解孩子而错误地应对，那么他 (她) 就会在更多方面去验证妈妈的爱，这也就是孩子的表现和以前不一样的根本原因。

不仅仅是语言的表达，更要通过行为让孩子感受到妈妈爸爸的爱还在那里，这样每个孩子都可以做到分享。如果他 (她) 自己都不确定自己是否拥有的时候，只会去争，不会想分给弟弟妹妹什么，哪怕是一点点。

3 大宝：怎么突然变“小”了？

一个心理学概念

【案例12】

自从家里有了二宝，7岁的女儿就开始各种出招，一会儿粘着妈妈要像弟弟那样吃奶，一会儿也要试试弟弟的牙胶，小宝宝的衣服想穿一穿，玩具也想玩一玩，就连尿不湿也要用一用。妈妈真是又好气又好笑，一开始只是说她胡闹，也没当回事，可是次数多了就感觉孩子这样好像有点不正常，开始担心起来，一方面觉得孩子毕竟也不大，别乱给孩子下定义，可能孩子就是觉得好玩，一方面又怕真有什么问题，如果不及时干预会耽误了孩子！

这是个有意思的案例，也很有代表性。这里要和大家分享一个概念——退行。这是一种防御机制，就是人在成长过程中形成的应对刺激和压力带来的不愉快情感时所使用的某种心理操作，从而保护自己，消除不愉快情感。退行就是通过退回早年的快乐时光来消除不愉快情感的方式。

案例中的大宝正是通过退回到和小弟弟一样大的时候的方式来逃避弟弟带给她的不愉快情感，这种不愉快情感就是当下她可能隐隐感觉到的嫉妒、担忧或其他情绪。仅仅通过简单的描述确实不容易理解心理学的专有概念，但我们至少可以理解的是，这是大宝在通过某种方式处理他（她）的情绪，如果我们给予的回应更多的是接纳和允许，理解他（她）的感受，包容他（她）的行为，如前所述，当与妈妈爸爸爱的纽带得到重新的联结和确认，孩子自然又会回归他（她）自己。

反而是一个契机

同时这反倒成为一个契机，让大宝重温曾经的成长和妈妈的养育，更深刻真实地体验这份情感与依恋，那么他（她）会更成熟，对父母的理解，对弟妹的接纳都会进入一个更高的程度。这也是非独生子女家庭孩子对情感理解更深刻，包容接纳度更高的原因之一。

4 大宝：为什么总要我让着他？

该遵从传统观念吗？

“父慈子孝，兄友弟恭”，正是在这样的理念支撑下，形成了我们长久以来的基本家庭模式，落实到多子女家庭的教养之道就是：“当哥哥就要有当哥哥的样！”相对的就是“你小你就应该听哥哥的话。”这样的理念是在一个完整的历史发展背景下形成的文化传承，不能简单地用对错好坏来评价，而是要注意如何让传统的教育理念和家庭观念适应社会文化的发展，为传统的理念注入时代的内涵与活力。

【案例13】

我家两个孩子相差四岁，他们平常在一起玩得挺好，但我总担心，老大也没多大，万一不小心会伤到小的，又担心兄弟俩关系不好，所以总是对老大说，“你是哥哥，要多照顾弟弟，让着他点儿。”其实这在我看来是理所当然的，我们从小也是受这样的教育，大的就得让着小的。可有一天，我听到老大和朋友说，“我不想当哥哥，因为什么都得让着弟弟。”这让我想了很多，我在家是小的，从小哥哥姐姐确实让了我很多，现在想来他们应该也挺委屈的吧！但我开始不知道该让哥俩如何相处了，总不能让小的让着大的吧？

看到这个案例，也许你已经有了自己的态度，只是不知你会选择站在传统教育理念一边，还是孩子的感受一边呢？

长幼有序背后的情感因素

如果你更关注孩子的感受，不愿意让他们中的任何一个有委屈的感受，很可能你会选择挑战甚至批驳传统的观念。的确，有不少哥哥姐姐想起小时候都是委屈与被忽视，一味的谦让甚至让出了为自己争取的勇气，让得没了自己的个性。这也可能就是很多家庭中老大都是稳重的化身，而老小就是“有个性”的代名词的原因之一。

如果你认为老大的这种想法是不懂事，就应该让孩子从小有规矩，你自然会选择传统的教育方式——长幼有序。

此时，我们就需要跳出双方阵营，重新领会一下“兄友弟恭”的含义。兄长因为年长所以从小就有一定的优势，可能是体力，可能是能力等，所以兄长对弟妹的“友”意味着包容、礼让，而在“让”的背后则是有一份善意与情感的。亦如当你去喂角落里蜷缩着的流浪狗时，这绝不仅仅是道义上的施舍，一定是有一份善意与情感的。因此，不能让年龄大成为“让”的全部理由，如果忽略了那份情感，则会“让”得心不甘、情不愿。而弟弟因为年幼接受了兄长的礼让，他的“恭”的背后也不仅仅是听话与服从，更应有对这份礼让、包容的感恩，从而他才会对兄长产生尊敬与情感。所以，弟弟的“恭”也不能仅仅是因为年龄小，仅仅被理解为听话。当有了这份友善之情与尊敬之情时，才能真正做到长幼有序。

让情感流动起来

可见教育的关键是如何让长幼有序背后的这份情感流动起来，这需要更多的耐心，忌讳简单粗暴。我们首先要相信两个宝贝，无论相差几岁，他们天生就有对对方的善意与情感。其次，父母要求的谦让和听从在孩子看来可能就是“不公平”的代名词，这就要求父母把握程度及场合。大宝写作业或睡觉的时候，我们要让小宝安静或带他离开；小宝要大宝的玩具或书时，要经过大宝同意，要劝解小宝尊重大宝的意见。这也是谦让，弟弟也可以谦让哥哥，没有标准的一边倒，让就不再是谦让，而成了“忍让”，是会伤害情感的。相对应的“听话”也是如此，小宝需要听从的是大宝相对丰富的经验阅历，而不是主观的好恶。当然，小宝也要得到尊重，而不是被要求习惯性的服从。

以上观点并不特别，爸爸妈妈很容易理解，只是在不经意的时候，我们往往会按习惯而为之。其实在照顾到孩子感受的同时，再让他们懂得“谦让”与“尊重”，关键还在于父母对“度”的理解与把握，还是需要对孩子更多的体察和思考。

5 大宝：他是来跟我争财产的吗？

孩子也这么现实了吗？

这听上去有点不可思议，孩子为什么会提出这个问题！？这也是一个当下社会的敏感话题，在“财”与“情”的博弈中，应该如何偏重，其实成人也无法有标准答案，那么我们的孩子又是怎样看待的呢？当孩子问这个问题时，我们怎样引导会更有利于孩子的成长，家庭的和谐呢？

【案例14】

8岁的小明是个“精明”的孩子，他总能很好地计算使用自己的零花钱，也很知道如何讨得爸爸妈妈开心，让自己得到更多的零花钱。爸爸一直以此为傲，觉得儿子有自己的影子，将来肯定不会吃亏。他的口头禅就是“在社会上混，你不动动心思，就得吃亏。”二孩儿政策一出，小明的父母也动了心，和儿子商量时，小明眼睛瞪得老大：“那他会和我争财产吗？”爸爸妈妈怎么也没想到儿子会问这个问题，一时不知怎么回答。

相信有不少朋友可能会感慨，“如今连孩子都如此现实！”也有人会有些无奈地说：“孩子说得有道理呀，多一个孩子，对普通家庭的经济影响相当大，将来留给孩子的财产自然就少了。说实话，现在的孩子未来面临的压力很大。”

对孩子不要批判要引导

大家说得都有道理，对这个问题，心理学的视角不是评判，而是要找到这个观念可能的由来，在理解的基础上给孩子正确的引导。

人要生存，物质和精神保障都是必需的，对哪部分的追求都没有绝对正确的标准。在孩提时代经历过物质极度匮乏的人，往往会因为体会过物质不足的痛苦而更加追求物质；另一个极端则是，没有经历过任何程度贫穷的人，则会因为难以承受贫穷之苦而对物质极度追求。一个人视金钱如粪土还是爱财如命都一定带有过往经历赋予其对生命的体会。除此之外，家庭观念和性格特征都是会在家庭中传承的，孩子与父母总会有不可避免的相似。

如果我们身边也有如案例中小明这样的孩子，我们可以观察或反思是什么让孩子关注所谓“财产”的问题，是家庭中有这样观念的影响，还是孩子得到了一些来自其他成人的信息。类似这样争夺财产的话题，更像是成人世界的语言，八九岁的孩子正处在似懂非懂的阶段，但正因为不完全明白又有点明白孩子才会产生难以确定的不安。

当我们找到了孩子这样提问的原因，也就不难应对了。如果孩子的观念来源于家庭，那么其实只需要调整家长的态度和观念。而如果孩子的这个观念来源于外界，也正好是和孩子讨论财产问题的好机会。对钱、对性、对感情，我们越是讳莫如深，孩子越是无所适从，把握每次机会才是合时宜的教育。因为二宝要来临，大宝表现出各种反应就正好是我们更了解大宝，同时更增进与大宝感情的契机。这也印证了多子女家庭的孩子更容易获得成熟的机会，分享的机会和平常心教育的机会的观点。

6 妈妈：总是对大宝心存愧疚！

这样的愧疚是一个代表性现象

这个问题在第一章有提及，这里还是列举出来，因为这是在调查中很有代表性的现象。无可否认，妈妈对大宝的爱是全身心的，毫无保留的，然而当二宝降生，似乎这种“完全”与“毫无保留”被分割了，不再完整了，妈妈因为无法再给大宝如以前那般“完整”的爱而心存愧疚。在感叹伟大母爱的同时，我们又不禁为妈妈和孩子们深深担忧……

【案例15】

孙华是大家公认的好妈妈，在她的细心呵护下，女儿又乖巧又懂事，还学会了不少才艺，是幼儿园的小明星。就在女儿刚上幼儿园不久，她发现自己又怀孕了，虽然爱人很支持，家里也没什么经济负担，一切都好像很完美，可是她就是有些高兴不起来。每每看到女儿萌萌的小脸，孙华就觉得很对不起孩子，自己再没法像以前一样全身心地呵护她了，总是要分一些精力给二宝的。就这样，孙华也还是生下了二宝，原以为时间长了，对女儿的愧疚会少一些，可没想到，因为二宝是男孩，似乎得到了老人更多的关爱，这让孙华更加愧疚，甚至有时有些后悔，是不是不应该要二宝。

这个例子略有些极端，可能大部分妈妈愧疚的程度没有这么深，至少不会后悔要二宝。但是正是当事情有点极端时，我们才更容易体会出究竟问题出在哪里——没错，是妈妈！

二宝分走的不是爱

如果妈妈被深深的愧疚所困扰，不妨反思自己是否曾有被剥夺爱的经历或体验，又或者自己小时候是否有得到的爱不足的感受，而这些不好的感受、经历或情感又是否正在影响着自己。也许，与其说现在妈妈心疼的是大宝，不如说是在心疼那个曾经受到伤害的自己（这里讲的爱的不足或者被剥夺都以妈妈自己的感受为准）。

如果妈妈的愧疚感没有那么强烈，那么还可以从“爱的完整性”的角度进行反思，为什么自己对大宝之前得到的爱会有“完整性”的感受？其实二宝并没有分割那部分爱，他（她）只是得到了本就属于自己的那部分爱而已。换句话说，两个孩子是不可相互替代的，所以也就谈不上是谁分走了谁的爱。如果一定要说分，二宝确实会分去父母的一些精力与时间，但分走的不是爱。妈妈会潜在地认为只要不是完全的精力与时间就意味着不是完全的爱，这是认识上的不足，还是因为其他的原因，还需要妈妈自己体会与反思。

所谓“完全的爱”

所谓“完全的爱”，其实这正是“独生子女”时代的后遗症。在很多评论独生子女性格的文章中都会提到“自私”，这是带有道德评价的说法，其实这种所谓的“自私”或许是客观条件造成的，独生子女没有分享的环境，家里只有一个孩子，没有成人会和孩子计较，孩子也没有和别人分享的机会。于是，所谓的“完全”的爱倒不如说是“唯一”的爱，独生子女失去了分享与竞争的体验，同时也失去了以平常心看待自己的机会，是家庭给了孩子这种“唯一”的感受，也就自然让孩子形成了“以自我为中心”的习惯。

如果我们忽略成长的过程而只是指责结果，是不公平的。孩子小时候没有给予他（她）的，也不能希望他（她）长大了自己就突然具有，行为习惯也好，性格特点也好，都是如此。所以所谓“自私”不是独生带来的，而是“完全”“唯一”的爱带来的。其实，即便是独生子女，如果在家庭中让孩子和家人分享，而不是把孩子放在唯一的、最最重要的位置的，孩子就不会习惯于“唯我独尊”。

妈妈的愧疚会影响孩子

妈妈除了需要反思自己愧疚的真正根源以外，还需要了解孩子的很多感受或者认识是源于妈妈的，妈妈就像孩子的第一面镜子，他（她）会因为妈妈的认可而觉得自己好，也会因为妈妈的否定而觉得自己不好。经常带着喜悦的妈妈，也会带出喜悦的孩子，而愁眉苦脸的妈妈也常常会带出爱哭的孩子。所以，当妈妈有深深的愧疚时，与孩子的互动就会让孩子真的觉得自己是委屈的，自己的爱真的被弟弟妹妹夺走了，他（她）当然不会快乐，也不会喜欢弟弟妹妹了。

对于二宝，更会觉得委屈，因为妈妈对哥哥姐姐的愧疚无形中会让二宝背负本不属于他（她）的负担，似乎他（她）真的不应该来。这种从小就背负的对自己的否定很难说会怎样影响二宝的性格，这也是让我们深深担忧的。

所以妈妈及时觉察自己的情绪，给予孩子正向积极的爱和肯定，对孩子来说是最重要的。类似案例中的情况，如果家人有重男轻女的观念，我们无法改变，但我们自己要用同样的爱与认可对待两个孩子，让他们得到这最基础的也是最重要的认可。随着年龄的增长，孩子会慢慢了解其他人的观念只是一种偏见，从而不至于受到更大的伤害。但如果孩子在妈妈这里都没有感觉到他们是被爱的、被接纳的最好的宝宝，其他人的偏见将更使他们受伤，即便是被偏爱的那个孩子也无法避免产生被妈妈否定与不接纳的痛苦。

7 父母：给孩子依恋安全感

这是一种对感情纽带的感知

我们一再提及大宝的种种行为都是因为不安，或者说是依恋安全感的下降，那么我们应该如何理解“依恋安全感”呢？

从心理学研究的角度，这个概念不太容易解释，这里我们可以把它理解为一种对于感情纽带的感知。而感情纽带就是父母温柔的触摸，关切的眼神，以及呵护、喂养和与孩子的交流。当孩子能够感知到这种感情纽带时就感到安全，感到被爱，感到与他人的亲密关系。他（她）的大脑就能全速运转，能够认知、与人合作，在自己想要什么和需要什么的事情上也会很通融，还会注意到他人的需要。于是，他（她）会与感情纽带另一边的你形成依恋关系，同时获得他（她）所需要的足够的安全感。

这种感知很脆弱

虽然孩子能够通过对感情纽带的感知获得力量，但这种感知也很脆弱，年龄越小安全感的建立就越不稳定，这种感知就越脆弱。一个粗暴的词语、一个生气的眼神都会让孩子丧失这种感知。和父母分开一段时间，成人之间的争吵也都会影响孩子的感知。实际上，目睹成人之间的粗暴对待、互不尊重会吓坏孩子，使他们无法感知他们与成人的感情纽带。很多成人看来微不足道的事物都会惊吓孩子，呼啸的大风，节日里突然响起的鞭炮声都可能让孩子们由于不理解而感到害怕。孩子对突发的痛苦和缺乏亲情的情况尤其敏感，幼年与母亲或父亲分离，未对孩子解释就突然更换保姆，被好事的亲戚拿来取笑逗乐，电视节目中的暴力等都能使孩子受到惊吓，拿着手机呵呵笑却不理他（她）的爸爸妈妈同样会让孩子体会不到感情纽带的联结。

孩子在能够感知到感情纽带与感知被破坏的害怕中左右摆动，逐渐形成自己的基本安全感。越小的时候这种安全感越重要，如果建立得没那么好，孩子就总会惴惴不安，经常处于一种戒备状态，不能松弛下来平静地享受亲友的陪伴，惧怕也会使孩子变得急躁和难以满意，稍不如意或不耐烦就会生气发火，他（她）没办法感受到生活是连续不断的快乐时光。这也就是前面提到的用过激行为反对父母要弟弟妹妹的孩子可能的心理状态。

然而就父母来说，每天长时间的工作以及各种担心焦虑会破坏好心情，能够为孩子提供基本生活所需已经筋疲力尽，只想让他们赶快上床睡觉。父母当然会给孩子尽可能多的关怀与温情，但是否能够满足孩子的期望，是否会发生一些孩子不能理解的事情，是否让孩子感觉经常受到冷落，这都有可能让比成人更敏感的孩子受到伤害，破坏孩子的安全感，令孩子感到恐惧。

8 父母：学会“倾听”！

真正理解“倾听”的内涵

本章所涉及的“大宝的烦恼”只是几种常见情况，我们不能一一列举所有大宝的表现并分析。但我们一直在强调一个基本原则——体会孩子的真实感受，给予孩子理解和接纳才能帮助孩子释放情绪，顺利地度过家庭变化带来的安全感下降的阶段。但是要如何才能体会孩子呢，这里为大家介绍一个“倾听”的方法。如果能够真正地理解“倾听”的内涵，那么，它不仅适用于孩子，同样可以帮助我们更好地与其他人沟通，促进和谐稳定的关系。

我们常说“理解万岁”，之所以如此强调理解的重要，正是因为被理解是每个人的基本需求，而事实上被理解又是相当困难的事，所以我们才会说“人生得一知己足矣”。“倾听”就是最好的理解他人的方法，平时我们也许真的说得太多，听得太少了。而倾听除了简单的“听”以外，还强调“听”更深层的感受。

倾听的基础——允许对方表达

我们常常以为自己是允许别人表达的，而实际上我们更注重于表达自己，尤其是对孩子，因为他们弱小，我们很容易就剥夺了他们的话语权，这从父母最常见的口头禅“听话！”就可以得到证实。

我们常常注重于告诉孩子要怎样怎样，却忽略了听听孩子怎么“说”。这里的“说”打了引号，是因为越小的孩子越不擅于语言，但“说”可以是除了语言之外的其他任何表达方式，比如哭、吮手指、发呆等，各种表情、动作、行为都是孩子的表达，关键是我们要允许孩子“说”并去感受、理解和回应。

倾听的条件——专注于对方

通常的情况是，不管多大的孩子，我们就算去听他(她)说也往往是为了缓和他(她)的情绪，目的还是要表达我们的观点，让他(她)听话。用这种方式的沟通，或者说单向沟通往往是失败的，对越大的孩子或会这样。所以，父母应该停止过多的“企图”心，暂时只专注于听，专注于“孩子，你怎么了？”这是我们能够倾听到对方，并倾听到对方深层感受的重要条件。

孩子越小，我们越是能够接受孩子表达一些不同于我们的观点，因为我们会觉得他（她）还不懂事，但听完还是会急于告诉他（她）所谓的正确，或希望他（她）听到的观念，而这是沟通中错误的顺序。有效沟通的前提是充分的倾听，感受到对方，尤其是对孩子，本就是不对等的，他们不具备倾听的能力，也不具备清晰表达的能力，这就越显得父母专注于孩子，感受孩子的重要。

倾听的核心——抓住情感线索

平常的交流中，我们一般习惯于听内容，比如我们会问孩子："发生了什么？"孩子说："妈妈，他抢我的玩具。"此时我们就会迅速根据自己的理解和感受做出判断，气愤地带着孩子去找对方家长的有之；去找幼儿园老师评理的有之；劝解孩子的有之；甚至还有自己先委屈、气愤不已的……而我们往往忽略了真正最重要的一个环节——被抢了玩具的孩子是什么感受？是委屈吗？是害怕吗？是生气吗？还是并没有什么呢？每个孩子其实都会有不同的感受，而此时我们做出最有利于孩子的回应是要了解孩子感受到了什么，而不是我们自己怎么看待这件事。

如果孩子感到了害怕，而我们自己却感到的是愤怒，去找对方的家长或气愤地发火，孩子可能会更害怕——因为和爸爸妈妈说了而让自己面临更难以面对的局面。同时下次他（她）可能不再敢告诉爸爸妈妈发生了什么，这正是一些孩子与家长的情感纽带失去联结的原因。还有的孩子本身并没有太强的不良感受，那么我们也不必要扩大这件事的影响，一定要做点什么给孩子弥补或安慰。

细腻地感受孩子的情感线索是我们倾听的核心环节。

倾听的力量——宣泄情绪，引导方法

当孩子哭泣或发脾气时，父母应该做到和蔼、持续地倾听，亲切地陪在他（她）身边，温和地抚摸或搂住他（她），讲几句关心的话，但不要多，例如“再和妈妈说说，妈妈想知道宝贝发生了什么”“发生这种事，妈妈听了也很难过”“宝贝，妈妈爱你”，说得过多就表示你又不能很好地倾听了。同时，也不要在孩子情绪得到宣泄而缓解之前就急于“纠正”他（她），当孩子充分倾诉或表达、宣泄情绪后，感到轻松和精神焕发时，父母才可以适时地引导他（她），尝试让他（她）自己想出解决问题的办法。

如果父母能够很好地完成陪伴和倾听的过程，就能真正体会到倾听的力量，孩子能由此恢复开朗的状态，积极思考解决问题的办法，同时也能形成对爸爸妈妈的依恋和安全感。

9 父母：安慰大宝有妙招

每天给孩子半小时

第一，一段专门的时间。没有充足的时间和孩子在一起并不是父母的错，尤其是在二宝降生后的日子里，承担各种职责占去了父母全部的时间，但本章所有的案例都在说一件事——大宝需要我们！安排一段专门的时间和孩子一起活动，可行又行之有效，而且结果是不仅大宝得到了安抚，爸爸妈妈对于爱和亲密关系的需求也会得到一定的满足——真切体会到孩子需要我们，这是多么令人满足的事！这段时间不需要太长，哪怕只有半小时。

第二，一段有保证的时间。这段时间虽然不长，但必须能够保证，不会因电话、访客、工作等任何事情被占用。

第三，和孩子在一起，让孩子主导。当你已经做到了眼里只有他（她）——这个由你们创造的出色的孩子时，下一步就是他（她）可以“说了算”，让孩子感受到，他（她）想要爸爸妈妈做的任何事你们都愿意做，这种颠倒了平常生活状态下力量对比的做法会让孩子更愿意与你交流思想和感情。当然，爸爸妈妈根本不用顾虑，孩子一定不会让你们做可怕的事，不要怀

疑他 (她) 对你们深深的爱。

第四，克制住去指导，只是和孩子玩耍。暂时在这特别的半小时，放下你随时准备指导的责任感，不必告诉孩子怎么做更好，只是和孩子一起自由体验就好，孩子越是能够放松地和爸爸妈妈玩在一起，你就越可能看到他 (她) 不一样的一面。请记住，只有欣赏的目光才能看到期待的美丽。

第五，不要掩饰你真诚的欣赏。如果你真的已经做到了前面四条，那么你能越来越真实地感到与孩子的亲密，看到孩子最真实的快乐。不要掩饰你对他 (她) 的关心、赞许和欣赏，无论他 (她) 以什么回应，也许他 (她) 还没做好准备此时就回应，但是请相信只要他 (她) 感受到你真诚的欣赏，他 (她) 就会在他 (她) 感觉合适的时候表达他 (她) 的感受。

第六，其实已经没有第六了，只是想补充，也许有的孩子和爸爸妈妈已经很久没有这样的亲密了，所以一切需要重新开始，爸爸妈妈，可以坚持吗，可以放下吗?

游戏——“我需要你”

试试在游戏中打消大宝的不安。第二个孩子出生后大宝的感觉将是既充满爱和惊喜，又因为新生儿闯入他 (她) 和你之间，并且占有他 (她) 和你在一起的时间而心烦意乱。比较富有成效的处理这种情况的方法之一，是尽可能经常和你的大宝一起玩儿“我需要你”的游戏。这种游戏有许多种玩法。

你可以先倒在地板上然后宣布，我要给你许多许多的吻，从哪里开始呢？欣赏他，手指脚趾，完美的耳朵和美丽的眼睛，让孩子确信自己的独特性并没有被父母忘记。当你快活地表现出没有他（她）你就不能快乐的时候，孩子的笑声会治愈这段时间以来见到你经常亲切照顾另一个孩子带给他（她）的难过，这也为你提供了一个愉快的方式来公开欣赏他（她）。在这段和大宝游戏的特别时间里集中关注大宝，有助于你们保持密切的关系，并记得你们热爱彼此。当然，如果是父母双方一起参加游戏，就更好了。

也可以这样玩：爸爸做出“我要你”的动作和表情，动作夸张地要把大宝抱在怀里，并且不停地喊着：“宝宝是我的”，妈妈同时加入争夺，并喊着：“才不是呢，宝宝是我的”。当一家三口欢笑着拥抱在一起的时候，孩子感到的是满满的爱与幸福，不安也会随之烟消云散。多做一些这样的游戏，缓和大宝的情绪，让全家人都了解彼此是多么的宝贵！

小结：

不是每个孩子都会嫉妒弟弟妹妹，但他们都会因为生活的变化而担忧害怕，他们的各种表现和行为都可能是在传达这种不安。如果爸爸妈妈能够让大宝对弟弟妹妹的出生有正确的认识，能够及时注意到大宝的情绪感受，并给予他们安抚，就能让全家更快地适应变化，也迈出了令二宝健康成长的卓有成效的第一步。

CHAPTER 3

孩子成长中的普遍问题

1 不同年龄段的孩子有不同的心理特征

避免错误解读孩子

经过最初的适应，两个孩子和父母都将慢慢接受新的家庭结构，这时候再出现什么状况都不像一开始那么疾风骤雨了，但问题的出现也从来不会停止，而且比一个孩子时更多，也更复杂。这些问题似乎还很难通过简单地与其他家庭交流直接获取经验，这是因为孩子的年龄、性别、性格、年龄差都分别不同，不同家庭的情况很难完全重合。

如果我们试图理清两个孩子的教育和相处问题，就必须了解孩子们在不同年龄段的基本心理特征，避免因为错误解读孩子，而采用了不适宜的回应方式。

每个发展阶段都很重要

本章将以美国著名精神分析心理学家埃里克森的人格发展理论为基础，帮助父母们了解孩子在各个年龄阶段不同的成长需要。在此基础上才能更好地理解两个孩子“成长的烦恼”，将碰撞与摩擦化解，使孩子都能健康成长，同时也收获良好的同胞关系。

在埃里克森看来，人的发展是一个生物与社会事件所引起的进化过程，换句话说，影响孩子发展的基本要素是生物遗传和成长环境。在人的发展中，包括成熟和偶然事件所带来的影响会对人的心理发展持续一生。人的发展阶段的顺序由遗传决定，但是每一阶段能否顺利度过却是由环境决定的。每一发展阶段都有其特殊的矛盾冲突，解决这些矛盾的过程也就是人的心理发展不断社会化的过程。

埃里克森指出：后一阶段发展任务的完成依赖于早期任务、冲突的解决。前一阶段的危机解决后会向下一阶段转化，自我就获得发展。否则，自我的发展就会受到阻碍。

总之，在孩子成长过程中父母解决危机的方式会对孩子产生持久性的深刻影响。

2 0~1岁："妈妈，我怕！"

培养信任感和接纳态度

0~1岁是婴儿期，孩子体验着基本信任与不信任的心理冲突，这个阶段的发展任务是培养信任感及对周围世界和人的基本接纳态度。在这一时期，如果婴儿能从哺育中感到温暖和舒适，就能把这种经验扩大到以后的经验之中，从而感到母亲之外的其他人也是可以信赖的。如果照料是不合适的、不一致的或消极的，儿童则会在恐惧和怀疑中成长。

【案例16】

魏芳家有个哄孩子睡觉的"神器"，就是一段魏芳唱的摇篮曲录音。这个"神器"的出现是这样的，刚有孩子时，魏芳总是幸福地对孩子说："宝贝，是不是没意思了，妈妈给你唱歌吧。"这时候魏芳的妈妈总是说："这么小的孩子懂啥！"的确，大部分时间孩子都会睡得沉沉的，一点也没有要听歌的意思。可是魏芳不这么想，她还是会给孩子唱歌，讲故事，哪怕孩子只听了几句。有一天，魏芳出门办事，虽然只离开了两个小时，但一进门就听见孩子在哭，魏芳的妈妈说："你快来看看，怎么哄也不乖。"魏芳赶忙接过孩子，一边轻轻拍着孩子，一边自然哼起了经常唱给孩子听的歌，孩子突然就安静了下来，没一会儿就睡着了。从此，家里就备上了这个哄娃"神器"。

孩子降生时对这个世界一无所知，他们期待得到爱、温情和理解，你是否能够与孩子建立感情纽带对孩子至关重要。除了安全感的建立，孩子能接受并感受到你温暖的关注就会欢迎任何新的体验，如果一天里能多次感受到这样的关注，他们对新体验就能接受得又快又好。正如孩子的身体发育需要食物一样，孩子的大脑发育需要至少有一位成人能够读懂他们，理解他们发出的信息，并以关心和支持的态度给他们回应。建立起足够安全感的孩子能很好地认知，也能很好地与人相处。

让孩子不会因为母亲暂时离开而担心

上述案例中魏芳妈妈说"这么小的孩子懂啥！"，这可能也是相当多的爷爷奶奶，甚至父母的想法。在这样想法的支配下，我们很容易忽视与孩子的互动，也就是忽视我们一直强调的与孩子的感情纽带的建立。也许我们对孩子从喂养、照顾的角度都做得无微不至，但除了这些，孩子还需要父母的目光和关注，轻轻地触摸，柔和声调的话语，这些都能为孩子的大脑发育提供营养，并让他们感到安全与信任。

如果孩子感受到母亲的照料是充满爱的，那么就不会因为母亲暂时离开自己而担心，当母亲不在身边时，他们不会表现出明显的烦躁不安。如果孩子不仅具有一种外部的预见性 (妈妈还会回来的)，而且还发展了一种内在的信念 (妈妈是可信赖的，周围世界是可信赖的)，那么他 (她) 就已经形成了很好的安全感。孩子会通过对母亲的认识，逐渐得到这样的感觉：这个世界是可以预测的、安全的，并且充满爱意的，因此，世界是可以信任的。如果母亲表达了对孩子的喜爱，则孩子认为自己是被信赖的。这种对人和环境的基本信任感是形成健康、乐观的个性品质的基础。

如果母亲对孩子是拒绝的、不疼爱的，这将是孩子挫败感的根源，并将使孩子对周围世界产生不信任感。这种不信任感有可能伴随其整个童年期，甚至殃及成年期的发展。

另外，孩子能感受到母亲的情绪状态，如果母亲感到焦虑，孩子也会感到焦虑；如果母亲心情宁静，孩子也会感到宁静。父母对生活、对世界的不信任感也同样会传递给孩子，所以，和谐的家庭生活也是孩子形成信任感的重要条件。

孩子形成“希望”品质

当孩子形成的信任感超过不信任感时，基本信任对基本不信任的危机才得到解决。应当牢记，重要的是两种解决办法所占的比例。对任何人和任何东西都信任的孩子必然会陷入困境，某种程度的不信任是积极的和有助于生存的。但是，信任感占优势的孩子具有敢于冒险的勇气，具有不会被绝望和挫折压垮的韧性。

在0~1岁这个阶段中，如果孩子具有的基本信任超过基本不信任，就形成了“希望”的品质。“希望”的品质是人际信任和健康人格的基础。我们可以说，形成信任的儿童敢于希望，富于理想。形成信任就是形成一个注重未来的特性，具有强烈的未来定向，表现为敢于冒险，不怕挫折和失败，不会为必需品的满足而发愁，也不局限于眼前的事物。而缺乏足够信任的孩子不可能怀有希望，因为他们必须为需要是否能得到满足而担忧，所以他们被目前束缚，而无法寄望于未来。

换句话说，这一阶段也是儿童开始探索周围世界是否可靠的阶段。如果儿童在这个阶段得到较好的抚养并与母亲建立了良好的亲子关系，儿童就会对周围世界产生信任感，这也将有利于下一个阶段自主性的顺利发展。相反，如果儿童在第一阶段对周围世界产生怀疑和悲观，则更可能导致下一阶段产生消极的结果。

“哭”都代表了什么？

要说孩子与妈妈的情感互动与交流，就不得不说这个年龄段的孩子最常用的表达方式——哭。哭可能代表的意义非常多，所以我们要掌握“倾听”哭的技巧，判断孩子究竟是饿了、困了、尿了，还是身体不舒服（包括生病，如缺钙这样的身体不适等）。

其实，孩子哭还有一个比较容易被忽略的原因——无聊。当孩子3个月以后，睡眠时间缩短，除了吃和睡，孩子开始产生越来越多交流、互动的需求，如果没有及时得到满足，他（她）就会因为无聊而哭，这种哭其实就是在呼唤妈妈快来陪伴他（她）。

大宝和小宝

家有两宝，小宝又正处于这个阶段，敏感而脆弱，不理解的声音、环境的喧闹、家人的争吵、爸爸妈妈不开心的脸或者缺少回应都可能成为破坏小宝情感纽带的原因。所以，这时及时有效安抚大宝的情绪，全家人共同营造温暖亲切的家庭氛围，对小宝的健康成长十分重要。

3 1~3岁："妈妈，我要！"

发展自主个性

1~3岁是儿童期，孩子经历的是"自主""害羞"和"怀疑"的冲突，埃里克森认为这一阶段的基本任务是发展自主性。在这一时期，孩子为了实现自主愿望会进行最基本的独立性探索，此时如果允许孩子按自己的方式去做力所能及的事情，那么孩子将会形成自信和自主感。如果成人支配一切活动，那么孩子就会对自己应付环境的能力表示怀疑，并对自己的行为产生羞怯感，父母的过度保护会阻碍这个年龄儿童自主性的发展。

【案例17】

最近林梅很烦心，两岁多的女儿总是充满好奇，哪里都想去看看。孩子已经能走能跑，活动范围大了，这让林梅总是担心孩子摔倒、碰到。之前不让她乱跑或做什么有风险的事，她还是很听话的，可最近总是说"不"，并且提出很多要求："妈妈，我要盛饭。""妈妈，我要看看那上面有什么。”“妈妈，我要自己走。”林梅也不知道是不是应该支持她，万一惯坏了可怎么办呢，想干什么就干什么，以后就管不住了，可是不让她去，又看她哭得让人好心疼。

这是两三岁孩子的妈妈都会经历的过程，只要你留意观察，孩子都会有这样一个喜欢说“不”的阶段，并且什么都想自己试试，“妈妈，我要……”就是他们最常说的话。于是，这个阶段被称为“第一反抗期”——孩子开始人生第一次反抗妈妈。之所以会这样，意味着孩子自我意识的发展，当孩子开始有了自己的想法，就开始抵抗妈妈的安排，他(她)好奇一切，所以什么都想尝试。

满足孩子的双重渴望

这听上去很美好，孩子又取得了一个阶段性的成长，然而对妈妈来说，孩子的每一次进步，同时也代表着一点点的独立与远离，妈妈的心都是五味杂陈的。也许从一开始妈妈们就需要做好准备，那个在我们怀里嗷嗷待哺的小家伙终将完成他(她)自己的成长，成为一个独立而成熟的人，然后离开我们的怀抱，创造他(她)自己的人生。貌似说得有点远了，但这正是妈妈们对待孩子成长的基本觉悟，只有具备这样的觉悟，我们才能适度地爱他(她)，同时知道适时地放手。1~3岁的孩子开始第一次反抗，也要求我们尝试第一次“放手”。

孩子有了想法，懂得说“不”和“我要”，体现了独立意识，他们试图在这些尝试中，获得一种自主的感觉。然而，这种自主感会遇到能力不足等实际困难，也会受到不能对自己的行为负责的威胁。因此，这个时候的儿童就产生双重渴望——既希望父母能放手让自己做主，做一些自己喜欢的探索活动，又想获得父母的支持、帮助和宽容。如果儿童在感到不安全的时候可以安全地退回母亲的怀抱并获得安慰，他们就会更大胆地接触他人和寻求挑战。

这时候，如果父母或其他抚养人允许他们独立地去尝试一些力所能及的事情，又能在孩子需要时对他们的自主探索给予及时的帮助和指导，并赞赏他们的进步和成功，宽容他们的幼稚和失败，儿童就会产生自主的感觉，就会建立起自主感，形成基本的自主性，从而更加积极地自主探索，独立地做自己的事情。

静静观察而不是喋喋不休

如果你继续细心观察，会发现当他（她）独立探索的要求得到允许的时候，他（她）会充满自信，但又不是“鲁莽”地去开始他（她）的探索之旅，他（她）会试探地去做那些他（她）从未尝试过的事，有时是小心翼翼的，有时又是兴高采烈的。此时你一定会更加信任孩子，原来他（她）——这个小小的人儿——真的可以做到很多，只是我们没有给他们机会而已。其实这就是生命的潜力，是成长的力量。你也会更愿意静静地去观察他（她），而不是喋喋不休地表达自己的担心和指导。这就是我们最应该给予孩子的支持和陪伴。

相反，成人过分保护孩子，怕有危险，处处包办代替，什么也不需要他们动手，不给他们提供独立自主的机会，一遇到孩子的自主探索行为就紧张、制止；或者父母对孩子要求过高，过分严厉，稍有差错（例如打碎了杯子）就粗暴斥责甚至体罚；又或者对孩子生理上的不足不依不饶（例如尿床或尿湿裤子），过度批评，都会让孩子遭遇太多失败体验，导致他们或羞愧自卑、缩手缩脚，或不知所措、无所适从，对自己可活动的范围感到困惑。孩子会变得遇事被动等待，或者怀疑自己的能力，顾虑自己的失误，并产生无能感，从而丧失了自主感和主动性。

孩子形成“意志”品质

当然，案例中林梅所担心的“万一”也不无道理，那就是在孩子“我要，我要”的众多尝试中，总会有一些确实是危险的，或者是他（她）力所不能及的，此时我们必须帮他（她）选择，哪些是坚决不可以尝试的，哪些是有条件可以尝试的，哪些是要在妈妈保护下尝试的。

这时我们需要把握的度是——危险的、力所不能及的坚决不允许，即使哭闹也不能动摇。如果这个时候孩子得不到成人的关怀、指导和帮助，可以随意决定自己要做的许多事情，那么可能孩子因为没有人指责和约束而不缺乏主动性，但却会发展为另一个极端——放任。这样长大的孩子可能发展为处理事情界限不清或缺乏边界和原则，缺乏自我控制能力，从而影响其社会化功能及与他人合作的能力。

如果父母坚持了在普遍支持、包容的基础上有原则地说“不”，这真可以说是好处多多。首先，坚持原则的过程让孩子知道妈妈的允许是有底线的，建立了妈妈的权威，为孩子设立了边界，不会形成想怎样就怎样的任性。并且，通过普遍支持，鼓励了孩子的独立性探索，因为力所能及，从而能让孩子获得自主感和自信，同时克服了尝试新事物的胆怯，形成孩子获益终生的敢于尝试的良好品质。在陪伴孩子探索的过程中，增进了孩子对妈妈的依恋和信任，孩子也会因为得到妈妈的尊重而懂得尊重他人。

如果父母过分严厉，并常常不公正地使用体罚，儿童就会体验到羞怯。不管对大人还是儿童，这都是一种非常糟糕的情绪体验。反之，如果孩子形成的自主性超过羞怯与疑虑，就会形成“意志”的品质。具有意志品质的儿童也更加能够面对羞怯和怀疑，表现出自由选择或自我抑制的不可动摇的决心。意志品质往往能让人更加容易有所成就，生活得也更充实。

一个特殊的任务

这个年龄段的孩子还有个特殊任务，就是从使用尿不湿，进展到可以自己控制大小便，并慢慢向自己去厕所发展。之所以特别提出这个任务，是因为它对于孩子有特殊的意义。自己控制排便是孩子自主性的延伸，所以依然需要我们遵循那个支持、保护的原则。

这个年龄段的孩子可以在排便的过程中感受到快乐、可控、放松、兴奋等丰富的情绪，甚至有的孩子会在家里来客人的时候拿着自己的小便盆到房间中央解决问题。如果我们能够明白这是孩子在表达他（她）的兴奋和开心，就不会用高于他（她）年龄的道德标准去责备他（她），而是接纳他（她）的开心，和蔼地引导他（她）。这是个有意思的任务，需要爸爸妈妈有耐心、有爱心地理解孩子，陪伴孩子顺利度过。

大宝和小宝

如果我们的大宝正处于这个年龄段，两个孩子相差两三岁，可以多让大宝参与到照顾小宝的过程中。比如让他（她）给弟弟妹妹摇手铃，拿尿布，既保护了大宝的自主性和参与感，又照顾到小宝。当然，由于两个孩子都小，全程需要家长陪伴，毕竟大宝的尝试性探索和“服务”是有小小的风险的。总之，在培养小宝安全感的同时，也要保护大宝的自主性，相信智慧的妈妈一定能有非常好的方法，两个孩子都很开心，也很健康，妈妈即使费点心也是值得的。

4 4~6岁："妈妈，我不差。"

发展主动性

4~6岁是学龄初期，孩子体验的是"主动"对"内疚"的冲突。埃里克森认为这个阶段的主要任务是发展主动性。在这个阶段，儿童朦胧地意识到生活是一种有一定目的的活动，常会以攻击性行为来表示自己的创造能力，随之也会带来内心的矛盾。此时，如果成人对他们的行为做出过多的限制，会让他们感到无用、羞怯，会时常出现内疚感。相反，如果成人对儿童表现出的主动探究行为给予鼓励，儿童就会形成主动性，为其将来成为一个有责任感、有创造力的人奠定坚实的基础。

【案例18】

一位网友说，我4岁的儿子在幼儿园里会欺负小朋友，不愿与小朋友玩，还会乱丢东西，他独自和我相处时其实是守规矩的，但人一多，就开始搞恶作剧。平时跟他好好讲不听，要大声呵斥才行。

首先我们要相信每一个孩子都希望做父母、老师口里的那个“听话的孩子”，都希望得到大家的认可和喜欢，但怎样成为那个听话的孩子却是一个难解的问题。之所以这么说，是因为孩子心中的对错是非都是在与外界的互动中习得的。

比如，孩子刚刚学说话的时候学说了一句脏话，家里人都被孩子逗乐了，因为知道孩子小不是存心骂人，所以没有批评孩子，于是孩子会以为这是有趣的话，因为大家都笑了，如此几次，孩子便真的学会了说脏话。这里说“学会”，不是说学会那句话的发音，而是允许自己可以说。试想在成人中，有的人出口成“脏”，而有的人甚至根本不会说脏话。所谓“不会说”的人是因为不知道那句话的发音吗？事实是每当说出脏话时，内疚、羞愧、不应该的感受使他们不会这样做，而这也是在他们小时候形成的。

那么假设另一种情况，孩子如此说了几次，家长觉得这终究不是好事，于是开始制止孩子，也许他（她）没太上心还是偶尔会说，于是家长觉得有点不妥，便更严厉地批评制止。我们会发现家长这样做的效果不一定好，因为这是会让孩子感到困惑的，为什么之前大家都在笑，而现在却要批评我呢？

不要让孩子产生困惑

孩子没法把这种困惑提炼成语言表达出来，所以他（她）得不到家人正确的理解和回应，往往只能委屈，严重了就会发展成内疚和羞愧的感受，破坏自信和自我认可度。当然，孩子的自卑或其他不良的情绪和性格的形成不是哪一件事一下子造成的，但类似的事情多了，就会对孩子性格的形成造成影响。每个孩子都希望做好孩子，所以家长能够给予孩子相对清晰的道德、价值指引非常重要，否则他（她）会困惑，会误读，可能会朝错误的方向发展。

可见孩子的行为并非完全是客观的反映，而是在很大程度上受到他（她）对自己早期经验无意识理解的影响，他（她）对某一情景一旦产生错误理解，这种错误的理解和判断就会对他的行为产生决定性的作用。如果这种在童年时期形成的原始看法没有被矫正，那么任何逻辑和常识都很难使他后来的成人行为改变。

基本道德和好习惯的形成期

这一阶段儿童在生理上达到了第一个成熟期，他们开始利用这些能力干许多具有侵犯性的事情，如打人、讲话中冒犯别人，包括好奇地探索也是一种侵犯性行为，这是他们在探索被允许和不被允许的边界，从而形成自己的行为准则。所以，这个年龄段也是孩子形成基本道德标准、养成良好行为习惯的重要时期。

主要抚养人如果比较情绪化，孩子就容易无所适从，也会同样情绪化，行为没有规则。如果孩子在家长和老师的引导下，形成了自己整理玩具、收拾小书包的习惯，当他（她）上学时也同样会这样做，但反之就会乱扔东西，每次上学要出门了才开始整理书包。错过了培养好习惯的这个年龄阶段，孩子的习惯不会因为单纯的年龄增长而改变。

孩子形成“目的”品质

正因为有了前一个阶段自我意识的形成，孩子开始有了“你”与“我”的区分，也就有了“你的”与“我的”的区分，有了区别就有了比较，所以这个年龄段也是孩子形成嫉妒心理的重要阶段。这就是说，其实在我们每个人的情感中，嫉妒都只是其中一种正常的感受，对此我们不必人为褒贬。如何让这种情感正常发展，而不至于走向极端正是这个阶段的成长任务。

父母不过度比较，肯定每个孩子自己的独特性。父母的接纳和肯定是每个孩子的基本需要，如果父母一直都认为自己的孩子聪明，他(她)长大后也肯定不会认为自己笨。现实生活中我们会看到有的人明明长得很漂亮，但却很自卑，而有的人长相一般却对自己的容貌自信爆棚，其根源就在于此。其实，是否聪明或美丽都只是一个特征，被父母肯定和接纳才是自信和自我接纳的根本。父母的智慧要体现在如何把握赞扬孩子的时机。

如果儿童在这个阶段获得的主动性胜过内疚，就会形成“目的”的品质。有目的品质的儿童富于想象力和创新性、主动性和进取心，具有正视和追求有价值目标的勇气，不怕失败和惩罚。

大宝和小宝

正因为有以上的心理发育特点，如果大宝正处于这个年龄段，两个孩子相差四五岁，就要特别注意避免让大宝感到过分的比较，尤其是让他（她）觉得自己不如小宝，或者因为小宝而失去属于自己的玩具、妈妈的陪伴等等，这样的感受会让正处于敏感情绪阶段的大宝受到伤害。

结合案例中的孩子，还有一点需要爸爸妈妈了解，那就是希望表现好，希望和小朋友做朋友的孩子不一定知道怎么做才是对的。以攻击性行为表现自己的创造力，吸引其他人的注意本身也是孩子表达自己的一种方式，显然他（她）不明白这样的表达会和他（她）的期望收获相反的反应。

为什么有的孩子就能更好地与人相处呢？爸爸妈妈不妨想想，孩子经常所处的成长环境中，大家的相处方式是否也是缺乏方法的，是否也是简单粗暴的。孩子成长的环境中争吵多、交流少，又或者孩子在上幼儿园之前比较少外出，比较少和父母之外的人互动，都可能是孩子缺乏与人相处的正确方法的原因。但孩子还小，只要我们正确解读孩子，再给予引导就会让孩子发展出与他人相处的能力，当然也包括与弟弟妹妹相处的能力。

5 6~12岁：做自信的孩子

勤奋感和自卑感

6~12岁是学龄期，孩子体验“勤奋”对“自卑”的冲突，阶段发展任务是获得勤奋感、克服自卑感，实现“能力”的品质。

这一阶段的儿童一般都在学校接受教育，学校是训练儿童适应社会、掌握今后生活所必需的知识和技能的地方。如果他们能顺利地完成学习课程，他们就会获得勤奋感，这能使他们在今后的独立生活和承担工作任务中充满信心，反之就会产生自卑。另外，儿童对学习过度看重，而对其他方面置之不理，同样是有偏差的。如果学习、工作成为人生的唯一任务，工作成绩成为人生的唯一价值，那我们将成为工作的机器，而失去人生的其他乐趣与意义。

过度看重成败

【案例19】

马静的女儿今年11岁，正在上五年级，从上一年级开始她就不愿意参加学校任何的比赛性活动，马静也支持，反倒有点欣赏女儿“淡泊名利”的风格，反正她自己也不是个好胜心特别强的妈妈。可是最近老师安排了一个作文比赛的任务，女儿竟然有点儿不想上学的意思，其实女儿的文章写得很不错，老师推荐也是给了孩子一个很好的锻炼机会，可女儿竟然会为了不想参加比赛而想躲在家里不去学校，这让马静有点想不明白，这“淡泊名利”是不是有点过了？

在任何情况下，儿童和成人一样都会追求更优，或许是更优的生活，或许是更优的成绩，又或者是超越一名对手，取得一次胜利。这是因为人的本性无法忍受长期的屈从，被轻视的感觉、不安全感和自卑感总是会唤醒人们追求与攀登的欲望。一般来说，这种追求更优的心理状态是会得到普遍认可和鼓励的，因为我们把它理解为一种雄心，并且是一种美德，我们也会激励孩子做更多的努力。

但是有可能我们会忽略这种雄心会不会过重，如果这种希望超越他人的雄心过重，就会太计较成败，当他人取得成绩时会心生妒忌。注意！妒忌是嫉妒的升级版，这样发展的方向将可能是嫉贤妒能，而不是良性的竞争与进步。而另一个不好的发展方向则是过度的雄心会带来对结果的过度重视和过度紧张的情绪，长期的紧张情绪是不利于正在成长阶段的儿童的，而且更优是无止境的追求，这样的压力和紧张是谁都难以长期承受的。真正抱有健康的雄心并将这种雄心转化为动力的人可能只占一小部分。

案例中马静的女儿表现出了对成败的过度看重，应该是更深入地体察孩子真实感受的时候了。如果倒着推回去，我们并不能确定让孩子那么害怕失败的原因是什么。同时，这个案例还让我们认识到，同一个行为表达出的背后心理动机是不同的，单从不参加比赛看，确实也可能是因为孩子不争强好胜，但再结合后面的行为就发现，孩子其实是太过害怕失败了，所以宁可不参加比赛。

当然，孩子年龄越大，心理发展越复杂，对其行为的分析也就越有难度。虽然理解别人很难，但父母是最有可能理解孩子的人，作为父母，我们陪伴孩子成长，只要一直带着体察之心，反思之心，感悟之心，我们一定能懂得孩子。

孩子形成“能力”品质

勤奋感的培养往往是家长头疼的问题。进入学龄期，孩子在学习生活中，需要体验以稳定的注意和孜孜不倦的勤奋来完成学业的乐趣，顺利地完成学习任务后，孩子就能获得勤奋感，同时在今后的独立生活和承担学习、工作任务中充满信心。反之，就会产生自卑。

让孩子获得勤奋感的关键是他（她）能够顺利完成课程。这里为什么只说是课程呢？是因为这个阶段孩子成长的目标非常单一，我们的要求也相应非常单一，就是学业、课程。然而非常残酷的事实是，不可能每个孩子都擅长当前所学的课程，总有一部分不能顺利完成的孩子。即便大家都能完成，同样是成绩不错的孩子，还是要通过层层考试，用同一个标准衡量，终究要产生高低成败，所以还是会有人排在后面。

孩子在本阶段已意识到进入社会后必须在同伴中占有一席之地。他(她)一方面勤奋学习，以期在学业上取得成就；但又担心自己会遭遇失败，因此勤奋感和自卑感构成了本阶段的基本冲突。用唯一的学习成绩，甚至只是语数外的成绩作为标准，则必然会令相当大一部分孩子受挫，伤害他们的勤奋感。

在这一点上，最佳的状态当然是根据孩子自身的长处来确定目标，这样孩子可以在自己擅长的目标上取得成绩，获得勤奋感。但这确实具有一定的现实难度，所以建议父母根据自己孩子的实际情况，至少不以学习成绩作为唯一标准。确实学习成绩不佳的孩子，更要肯定孩子其他优良的表现，不至于让孩子自卑，失去努力的动力。当孩子的勤奋感胜过自卑感时，他们就会获得“能力”的品质，这才是孩子将来参与到社会竞争时最根本的保障。

大宝和小宝

如果大宝正处于这个年龄段，两个孩子相差十岁左右，因为年龄差距大，日常的时间安排差异也大，但因为大宝相对已经比较懂事，一般不会有太激烈的情绪，最多会采取对弟弟妹妹有点“酷”的表现。所以在最初的几年，我们要多创造温馨的家庭日等机会，增进两个孩子的感情，刻意制造哥哥或姐姐良好的形象，一方面促进大宝因为被肯定而要做得更好的心理动机，另一方面促进小宝对哥哥姐姐的认同和尊敬，形成良好的互动关系，建立血浓于水的同胞感情。

纵观以上对儿童阶段人格形成的分析，可以看到，前四个阶段的心理危机都与自信心的建立有关，可以说，儿童在整个发展阶段中所遇到的主要问题，本质上就是自信心与自尊的建立。若是儿童在发展中获得了自信与自尊，那么他(她)也就会获得基本的信任感、自主性、主动性和勤奋的美德，那么他(她)的一生也会变得更完整和健康。

6 12~18岁：我就是我

同一性概念

这就是鼎鼎大名的“青春期”，相信家长多少都有了解。由于营养、社会进步等诸多因素的影响，当今孩子的“青春期”有可能会提前，有些孩子10岁左右就已经进入了“青春期”阶段。这一阶段的发展任务是建立同一感和防止同一感混乱，孩子体验着自我“同一性”和“角色混乱”的冲突，最终收获“忠诚”的品质。

“同一性”这一概念是埃里克森自我发展理论中的一个重要组成部分，它具有非常广泛的含义。可以把它理解为社会与个人的统一，主体我与客体我的统一，个体对历史性任务的认识与其主观愿望的统一；也可理解为对自己的过去、现在和将来的整合，最终形成可以称之为“核心自我”的那部分自我。

一种比较有代表性的表现自我同一性的理论是这样描述的：青春期的自我分成了两个——I和Me，I指主体我，被自觉意识的我；Me指客体我，被他人看见的我，青少年恰巧处于I和Me的分裂之中。当Me占优势时，就是自我扩大，表现为虚荣心强，自满、自我陶醉、喜欢炫耀、哗众取宠、突出自己、奇装异服等。当I占优势时，就是自我萎缩，表现为无志气、自卑，主观上不努力克服缺点，反而找借口不做事情，强调条件不具备，自怯自怜等。如果这一时期I和Me都强，就会忽左忽右。因而，所谓同一性，指的就是一种对自己的感受，知道自己将会怎样生活，将I和Me整合成为一个完整的自我，在说明未来时有一种内在的自信，即全盘了解自己和接受自己。所以，这个阶段的心理宣言就是：我就是我！

孩子感到内心有很多冲突

对青少年来说，这是个很危险的阶段。在这一阶段的青少年往往感到内心有很多冲突。一方面本性冲动的高涨会带来问题，另一方面更重要的是青少年面临新的社会要求和社会冲突而感到困扰和混乱。

过去经验中的那些自我形象在新的冲击下开始四分五裂，他们更重视自己，但更弄不清自己，所以青春期的少男少女会更经常照镜子观察自己。他们的自我观念正在发生转变，有人认为自己不像想得那么好、那么全能了，这一时期自己做出的选择符合一部分过去的自己，又背叛另一部分自己。他们感到要做的决定太多、太快，而每做一种决定就减少了未来生活的广度。因此，他们感到困难，在这一时期他们是很孤独的，往往不愿立刻做决定，又感到时间流逝，事事无成。他们想找人谈，又觉得无人理解。这同时也是一个心理闭锁期。

获得同一性长大成人

这个时期的青少年对周围世界有了新的观察与新的思考方法，他们经常考虑自己到底是怎样一个人，他们从别人对他们的态度中，从自己扮演的各种社会角色中，逐渐认清了自己。特别是周围人的态度和评价更容易在他们心理上形成“自我感”，但这应与他们期望中的“自我感”慢慢统一起来，以确定自己是谁，以及自己在社会群体中的地位。

此时，他们逐渐疏远了自己的父母，从对父母的依赖关系中解脱出来，而与同伴们建立了亲密的友谊，从而进一步认识自己，对自己的过去、现在、将来产生一种内在的连续感。他们也认识了自己与他人在外表上、性格上的相同与差别，认识到自己的现在与未来在社会生活中的关系，对原有的自我进行检验和整理，试图形成一种新的、同一的自我，这就是同一性，即心理社会同一感。

青少年一旦确立或统一了自我，他们就获得了同一性，长大成人了，获得个人的同一性就标志着这个发展阶段取得了满意的结局。但如果青少年不能以同一性来结束这个阶段，他们就会以角色混乱或者也许会以消极的同一性结束这个阶段。

角色同一性混乱

角色混乱也就是角色同一性混乱，其特征是不能选择适应生活的角色，是一种个体形成与社会要求相背离的同一性。比如不加选择地把自己认同于某一类人（如从小缺少爱的少年得到一点点关心就完全认同关心自己的人），或者盲目地陷入某一社会团体，又或者仅给自己一个口头许愿却没有付诸任何行动，这样就无限制地延长了心理成长期，实则是逃避成长。事实上，许多大龄未婚男女、已婚但推诿婚姻责任的人，以及相当一部分啃老族都很可能仍固着在这一阶段，没有实现同一性，让自己无限制地延续着心理青春期。

这种角色同一性的混乱表现在我们生活和工作的很多方面，比如非常在意他人的评价；很容易受外界暗示；时常变换角色，在人际交往中不知所措、无所适从；工作中做事马虎，看不到努力工作与获得成就之间的关系；对领导与被领导之间的共同点与差异看不清，要么持对立情绪，要么盲目顺从；在两性问题上也会发生同一性的混乱，认识不到两性之间的同一与差异。

消极同一性

这是一种违背个体意愿的同一性，它建立在个体发展的关键阶段，使个体趋于呈现出所有个体最厌恶的，最危险的，然而也许是最真实的那一部分角色特征。比如，如果有一个酗酒或家暴的父亲，正常逻辑下儿子本应是厌恶的，坚决抵制而不会重蹈覆辙的，但有相当多现实的例子是，儿子依然重复着父亲的命运特征。在这种情况下，这种消极的同一性对这个孩子来说，比他内心要成为好孩子的愿望更现实。

为什么青年人在不能获得积极的同一性时对会选择消极的同一性呢？埃里克森说，因为他“宁可成为一个无名小卒，或者成为臭名昭著的大人物，或者成为某个的确已经死了的人——总之，它们是经过自由选择的角色——而不愿意成为一个不太像样的人”。

孩子形成“忠诚”的品质

如果青年人在此阶段中获得了积极的同一性而不是角色混乱或消极的同一性，他们就会形成“忠诚”品质。埃里克森把忠诚定义为——有效地忠于发自内心誓言的能力，尽管价值体系存在不可避免的矛盾，简单解释就是忠于那个同一性的自己的能力。

青少年会痛恨地排斥那些不适合于他(她)的同一性。当他(她)自己决定将来成为什么样的人并且为成为这样的人而努力时，却会遇到周围的人或者舆论的反对或不允许，并对他(她)施以种种压力和限制，要求他(她)按照家长或社会的愿望选择未来，这时他(她)可能会以令人吃惊的力量抵抗社会环境，抵抗家庭亲人。因为对于他（她）来讲，好不容易建立起来的同一性自我感（不管社会期许与否），陷入了会被周围环境毁灭的境地，没有同一性的感觉，就没有自身的存在感，于是抗争（彻底妥协也是一种抗争方式）成了他（她）的选择。

或者选择做一个反社会的“坏人”，或者干脆彻底妥协如“死人”般活着，也不愿做“不伦不类”的人，他（她）要自由地选择这一切。

真的很希望那些正在以激烈的方式抵抗社会、抵抗家庭的孩子的父母能够了解这些知识，从而“倾听”到孩子的呐喊。

完成里程碑阶段

前面四个阶段为孩子提供了形成同一性的“材料”，在青春期阶段，个体必须同化、整合这些“材料”，完成寻找同一性的过程。而同一性的形成标志着未成年期的结束与成年期的开始。从这时起，生活就是对自我同一性的彻底表现。既然孩子已经知道他（她）是什么人，生活的任务就是引导他（她）“这个人”“忠诚”于“同一性”的自己，完满地度过人生未来的各个阶段。

这个阶段，儿童已走向青年，生理上已趋成熟，人格的各方面需要重新加以整合。重新整合了的新的个体既为先前各阶段遗留下来的问题寻求最终的解决，又要自觉地与成人处于平等地位，在心理上积极准备着走向未来。这个阶段是青少年在追求性别、职业、信念、理想等方面同一性的标准化时期。

因为这个阶段的重要性和复杂性，所以用了比较长的篇幅加以说明，但依然只能将这个阶段孩子的心理特征进行一个轮廓式的描述。每个孩子都会经历这个里程碑式的阶段，每个父母也都有必要了解孩子将面临什么，又将如何真正长大，成为一个独立的、让父母放心的成人，而不要在孩子最矛盾冲突的年龄，成为给予压力、阻挠的外界推手。

大宝和小宝

如果大宝已经进入青春期，再要小宝会给情绪波动大、内心冲突激烈的大宝什么样的影响确实难以一概而论，但父母永远是最能够给予孩子支持，也最可能伤害孩子的人。一方面孩子需要通过抵抗父母来确认自己，印证他（她）向成人行列的迈进，另一方面他（她）又需要父母接受他（她）的成人“宣言”，允许他（她）同一性的实现。所以，如果父母能帮助孩子顺利度过这个成长阶段，那么他（她）将会以成熟的成人的姿态，平等地给予父母尊重，尊重父母要二宝的选择。

7 不同性别孩子的差异

性别因素形成的心理特征

以年龄划分描述孩子的基本心理特征是发展心理学最常见的研究方式，但在孩子的教育及同胞关系中，性别因素形成的心理特征也是不可忽视的。

【案例20】

晴子生了一对龙凤胎，她说自己还什么都没做，儿女就自然而然地表现出了差异。她还没给儿子买过玩具枪，但是有一天小伙子居然从家里的栅栏上抽出一根木条作剑，又自己用手当枪玩得可热闹了。又过了些日子，儿子把堂哥的冲锋枪也带回了家。而女儿正好相反，小姑娘每天花很多时间去处理她玩具之间的故事，对弟弟那些游戏一点儿都不感兴趣。两个孩子看动画片的兴趣也完全不同，各种超人、奥特曼、变形汽车都是儿子的最爱，但女儿就更喜欢樱桃小丸子。晴子觉得孩子总会按照自己的方向成长，这是她永远不可能改变的。

孩子对性别的认知

孩子的性别能力发育其实是个相当漫长的过程，虽然早在1~2岁期间，孩子就已经产生了对性别的认识，但直到学龄前（6岁以前），孩子尚不具有明确的“性别常性”，例如，他们以为改变衣服或发式可以改变一个人的性别。

孩子真正开始对性别角色感兴趣是从3岁左右开始的，他们很可能在这个时间段问妈妈“我是从哪里来的？”“我和小妹妹哪里不一样？”“为什么我和妈妈是一样的，弟弟和爸爸是一样的？”但此时的好奇是非常容易被满足的，我们不需要讲解复杂的生理知识，只需要轻描淡写就已经可以满足孩子。当然，他们此时对性别的了解也仅限于表面特征，对于“性别常性”无法真正深刻理解。

到4岁左右，一般的孩子能够讨论母亲和父亲不同的角色行为，并能将自己和别人按性别分类。到5岁时，大多数孩子开始把诸如母女和父母这类关系与性别互相联系起来。稳定的性别认同必须等到7岁以后，到9岁左右才能够真正理解社会角色的多种属性，并逐渐发展到性别认同成为其整体自我的一个稳定组成部分。

影响孩子性别角色养成的因素

而具体孩子的性别角色的养成是如案例中妈妈所说都是天

生的，还是有其他影响因素呢？由于先天生理的差异，男宝和女宝会自然呈现出个性的差异和不同的优势特征，而随着年龄的增长，在角色定位、性别认同等方面则与成长环境中性别角色态度有着密切的关联。

第一，天生的差异。在听觉和语言表达能力方面，女孩占优，所以一般女孩说话更早，并且能说出内容更复杂、更长的句子。而从儿童到成人，男孩的空间思维能力都优势明显，因而男性也表现出在理工科目、创造力和方向感方面的优势。在视觉方面，男孩的视觉反应快，对运动物体的敏感性高，而女孩则长于色彩、纹理的分辨。在动作能力方面则是各有侧重，男孩的运动能力占优，更擅长大动作，而女孩则更善于精细动作。在情感方面，女孩要比男孩更细腻，同时更注重家庭及家人的情感交流，负责表达和处理复杂情感的脑区更发达，而男孩则在情感上表现得更直接。

第二，在不同性别的期待方面，孩子受成长环境的性别态度影响很大。例如不同性别所适合的活动、服装、玩具、玩伴，包括语言表达和行为举止都会有一个社会期待，父母、家人或老师会通过言传身教直接或间接传授、影响，使孩子有对性别角色特征的认识。通过模仿及对这些特征的内化，结合生理基础的支配，最终形成每个孩子基本的性别认同。比如，正因为当今社会对女性留短发，穿中性服装，举止表达中性化的接受度与包容度的提高，使女性角色的性别特征或性别表达的变化很大，而同样对于男性留长发、中性化的接受度就没有对女性中性化的接受度高，所以男女在中性化的比率上就会不同。

第三，除了生理和社会的角度，在单一的性别认同方面还有更复杂的心理机制作用。比如，有些非常中性化甚至男性化的女孩，也许父母并没有这样的主观意愿，也不是母亲有中性化的趋势，却就是改变不了孩子的装扮、举止。这种情况我们可以思考的方向是，在孩子性别认同发展的漫长过程中，孩子对自己女孩的性别似乎接纳度不高，是什么让她不太认可自己的女孩身份，更愿意用男性化的特征表达自己。因为这不是本书的重点，所以不做更深入的探讨，只是提醒父母注意我们的性别态度，我们对孩子尤其是女孩的性别接纳是可能影响到孩子自己的性别认同的。

深刻理解“男女平等”

根据男女孩的性别差异给予区别化的教育也非常值得重视。在现有的教育条件下，无论是幼儿园还是学校，甚至包括家庭几乎都是统一标准，无论男女生以同样的教学标准要求，学习同样的教学内容，这似乎与“男女平等”的理念相一致，但不同的时代对“平等”有不同的需要，而且，对“平等”也还可以有不同的理解。

首先“男女平等”口号提出的历史背景是女性处于社会的最底层，没有自主选择的机会和权利，没有受教育的条件，男尊女卑、重男轻女的观念让女性即使在家庭里也没有话语权。

在这种不平等的前提下，提出“男女平等”是争取最基本权利的抗争。然而社会早已今非昔比，女性基本权利已经得到保障，现在需要的“平等”是更深刻的平等。

以前女性需要有机会走出家门，有机会坐在学校的课堂上，需要获得同样工作的机会，而这些，现在的女性已经拥有了。然而我们发现完全和男性一样不是真正的平等，这是因为一个最朴素的原因——男女有别。

真正的平等不是“完全一样”，而是尊重差异前提下的平等！因为尊重女性特殊的生理时期，所以女性享有产假的待遇，这是平等；因为不同性别角色的生理、心理特点，所以夫妻在家里承担不同的家庭责任，这也是平等。把女人当男人使，虽然“一样”了，但却并不平等。注意，这不是女权宣言，而是希望在新的时代，无论是男性还是女性，都应该重新审视自己的角色定位。因为争取权利和平等而把女性推到与男性相同的位置，也许反倒违背了女性的天性。回到教育问题上，我们也可以问一问，用一样的标准要求就是平等的教育吗？

根据性别的区别化教育

通过之前的分析，我们知道男孩女孩有先天的生理差异，大多数情况下，男孩更喜欢探索式的学习，动手能力强，有创新、逻辑的优势；而女孩更能适应教学式的学习，喜欢有情感基础的群体生活，擅长语言表达，感受力强。所以，我们很容易发现女孩更适应时下的教育模式，而男孩的很多天性有被压抑的倾向。我们应该多为男孩创造一些动手、实验、拆卸的机会，而不是简单强调坐在教室，遵守纪律，至少可以在家里更有针对性地选择适合自己孩子性别的学习方式。

除了学习方式的问题，对有情感优势的女生可以多一些逻辑思维能力的培养，男生则可以多一些情感体验训练。虽然这些思路不太容易短时期内在学校得到实现，但可以在家庭实现，只是前提是父母能够明白孩子们的不同。

同胞关系存在性别差异

再回到多子女家庭中，有一项研究发现，女孩的同胞亲密度高于男孩，这与同胞关系存在性别差异的结论一致。原因可能源于女孩与男孩基本的情感差异，女孩情感更细腻、复杂，更容易受到同胞关系的影响，她们在家庭关系中投入更多的感情，也更容易依赖这些关系。

所以如果家有两宝一男一女时，父母要学会发扬性别差异的优势特征，形成协调互补的格局，促进同胞关系。而两个都是男孩时，要注意激发男孩的责任感，利用感情直接不矫情的特征，促进兄弟的合作，形成互助的兄弟关系，避免过分比较引发男孩的过度竞争与好胜。若是两个女孩，则应发挥女孩感情细腻的优势，增加女孩之间情感的交流互动，形成亲密的姐妹关系，同样避免过分比较引发嫉妒或情感的失落。

8 注重出生顺序与养育的关系！

出生顺序对性格有影响吗？

在出生顺序与性格特点的研究中，发现这是一个不稳定的变量，至今也鲜有成功的研究成果能够有说服力地说明出生顺序对性格的稳定影响是什么。但当我们准备要二宝的时候，还是有必要多关注一下这个问题。

【案例21】

杨丽有两个漂亮的女儿，姐妹俩相差四岁，她一直为此觉得很幸福，看着孩子快乐健康是妈妈最大的满足，只是最近两个孩子频频发生争吵事件。因为最近杨丽夫妻都有新的工作任务，所以回家比较晚，好几次到家都发现姐妹俩神色不对。妈妈觉察了孩子的异样，再三追问下，还是妹妹开了口："姐姐不让我看电视，妈妈爸爸都同意，只要我写完作业就可以看一会儿电视，不是吗？"于是杨丽找到了姐姐，姐姐一听妈妈问自己怎么回事，就特别激动地说："她还好意思告状，没有写完作业还想骗我看电视。我可比她大多了，还能骗得了我？"

看着俩人都气呼呼的，觉得自己没错的表情，杨丽一时也不知如何是好。

以她对女儿的了解，她们应该都没有说谎，那为什么会出现这样的情况呢？经过进一步了解，原来妹妹因为姐姐不相信自己，于是坚决不让姐姐看自己的作业，只是说已经完成了，而姐姐看不到作业就是不让妹妹看电视。两人谁都不让谁，为此赌了好几天气，现在还在冷战中。

虽然出生顺序的影响是个变量很多，影响不够确定的因素，但在众多的研究中，还是都会提到长子或长女会相对更自信、稳重，但同时也可能较之弟妹更保守，与父母的统一性更高，如果他们的自信发展再过一些，就会表现出武断、支配欲强的个性。

长子长女的先天优势

长子或长女相较于弟妹有着先天的优势，因为年龄较大，所以无论是智力发展，还是体力发展都更强，哪怕只大一岁都有明显的优势，如果年龄差距大则更明显。从与父母家人的相处角度，老大也得天独厚，因为是第一个孩子，他（她）自然会得到相对高投入的爱。等到二宝降生，老大已经和家人培养起了丰厚的感情，这一点从大宝与父母外的其他亲人，如姑姑、舅舅等的关系中会更明显地表现出来。

正是这些优势容易让大宝更自信，也正是因为在家族中最深厚感情的积累使长子女更容易稳重而保守，更倾向于听从父母或家庭。当然这样的特点在长子身上更突出，毕竟在我国传统家庭中，女孩儿即使被宠爱，也不如男孩承担着更多的家族使命和责任。在重男轻女思想严重的家庭中，如果老大是女孩，可能反倒有相反的特点，这显然是由于女儿得到的不是肯定，而是轻视造成的。

在多子女家庭中，越年幼的孩子越可能调皮捣蛋和懒散，如果只有两个孩子，则没有那么明显，但比起哥哥姐姐，小宝还是会表现出对新鲜事物更高的接纳程度，对父母更多的挑战，但同时也表现出更强的创造性和才智。

以上研究结果给予我们的教育启示是，在孩子自有气质的基础上，不同的经历与体验引导着孩子人格的养成，同样的家庭、同样的父母，只是出生顺序的不同，都会在微妙的关系中影响着孩子成长的方向，更何况是其他的经历和体验。那么，作为父母能够在这个因素上给予孩子什么样的引导，是否是我们思考过的问题呢?

长幼常相处才能更相爱

案例中，妈妈很爱两个女儿，但姐妹俩都有些恃宠而骄的意思。姐姐显得有些武断，支配性强，在和妹妹的相处中掌握着主动，但不够尊重妹妹；而妹妹又有些骄纵任性，由着性子来，同样没有尊重姐姐。所以，无论是爱还是管理，关键都在于度的拿捏。无论是长子女的稳重自信，还是幼子女的机灵调皮，只是不同的性格特点，没有好坏之分，但如果没有拿捏好度，就可能偏离，更重要的是要长也好，幼也好，如何相爱，如何相处才更重要。

说到爱情，总有“相爱容易相处难”的感慨，可说到兄弟姐妹，可以这样来形容“相处才能相爱，相爱就能相处”。怎么理解这句话呢？兄弟姐妹有与生俱来的血缘联结，但仅仅如此还不够，他们需要在家庭中，在成长的点点滴滴中互助、合作、竞争、陪伴，让这份先天的情感得到升华，就像在花盆里种下两棵苗，它们在每天的成长中都彼此靠近，又彼此羁绊，如此才能形成不可分割的关系。如果有了这样的情感，即便生活中还是有竞争、分歧、分别结婚后的疏离，他们依然是可以一生相互信赖和依靠的人。

有心理学研究表明，在儿童期形成良好关系的兄弟姐妹（这里说的良好关系未必是完全的风平浪静，幼年时冲突严重的兄弟或姐妹，成年后的关系往往可能更加亲近），特别是兄弟姐妹在童年时共同经历过危机，会促成他们之间毕生的牢固联系。这类强有力的感情纽带在同胞们各自步入晚年时显得尤为重要。

如果本就抱着希望两个孩子能够相互陪伴的初衷，那么就要多为孩子们创造相处的机会，他们共同经历的一切都将成为他们彼此牵挂的纽带。案例中两姐妹虽然有些许不愉快，但只要妈妈适时化解，这也将成为她们的美好回忆。同时，通过这样的事情，也能够让妈妈看到孩子性格的偏差，正是给予引导的好时机。

小结：

十年树木，百年树人。孩子的成长是个系统工程，陪伴孩子成长的过程，也是父母学习如何做父母，并再次体验自己与父母的关系，在感悟中再次成长的过程。每一个孩子都那么真诚地信任和依赖着父母，如同曾经的我们自己。如果可以，我们只需要多一些相信，相信他（她）就是我们最好的孩子，这份信任对每个人都弥足珍贵，不管我们自己是否得到，都请尽量给予我们的孩子。

CHAPTER 4

理解每个孩子的特别之处

1 有孩子就有比较

世上没有两片完全相同的树叶，更不会有两个完全相同的孩子，小草说："请不要拿我和大树比较，我不需要它的高大和茂密，因为我就是我。"

欣赏有特长的孩子并不是一件难事，但看来平庸的孩子，也同样有被欣赏的渴望，"哪怕全世界都不为我鼓掌，只希望妈妈能为我喝彩，爸爸能为我加油。"

比较是天性

正是因为感受到太阳的热情，才更能体会月亮的柔美；正是因为冬天万物俱寂才更显现出春天生机盎然。比较是人的天性，在识别不同事物的区别中，我们认识了这个世界；在认识自己与他人的区别中，我们确立了独特的自己。通过比较我们有了对错好坏的标准，通过比较我们有了美丑善恶的认识；通过比较我们产生了对更高、更好的追求；通过比较我们摒弃了缺点和不足。

每一个爱比较的妈妈都饱含着"恨铁不成钢"的无奈，

“怕铁不成钢”的担忧和“愿铁能成钢”的期待，我们都能从这样的比较里感受到太多妈妈爱的不易和不被孩子理解的委屈。别人家的孩子不可恨，爱比较的妈妈也不可怨，今天正在读这本书的父母们不是都在为给孩子更好的教育而努力吗?

其实，我们必须明确的是，怎样的比较是一种促进，怎样的比较则是不可取的“过分比较”。

“别人家的孩子”

【案例22】网友A

我就是一路被“比”着长大的。上学时比成绩，毕业时比证书，工作后比职业、收入，我估计以后就该比孩子了。“别人家的孩子”有时是具体的人，有时是他们虚构的，总之，当我学习放松、退步，或者他们对我有什么新要求的时候，这个“别人家的孩子”就会适时出现。一开始我很生气，觉得父母为什么老觉得别人家的孩子比我强，认为他们不喜欢我，后来被说多了就觉得厌烦，对他们的这种所谓“激励”的教育方式很厌恶。

【案例23】网友B

我就是大家口中“别人家的孩子”，大家只知道我们这种孩子的好，却不了解我们的苦。被放在这个位置，就不像个人了，人家可以犯错我们却不可以，看起来很被家长和老师认可，可是压力山大，我根本不想在这个位置待着，但如果从这个位置下来，恐怕比其他孩子更惨。每当有人当着我和其他孩子的面夸赞我比别人强时，我感觉和那个孩子一样无地自容，好尴尬呀，连我自己都讨厌自己。进了大学还好，我们学校都是“别人家的孩子”，起码再也不用被拿来比较了！

这是两个形成鲜明对比的案例，被“比下去”的孩子难受，被当作榜样的孩子原来也难受。通过两位网友的描述，我们都不难体会和理解这两种难受。这里要帮助父母剖析的是，原本出于激励目的的比较为什么会给孩子带来伤害，这背后的心理机制究竟是什么。

在肯定的基础上比较

带来孩子这样负面情绪的“比较”正是所谓的“过分比较”。比较本是天性，我们自己也会不由自主地和别人比较，但比较的前提是“肯定”。我们先要肯定孩子是我们最爱的孩子，是好孩子，通过比较是希望提醒孩子成绩还有不足，比如学琴不如别的孩子刻苦，那么孩子感觉到的是自己某件事没有做好，或许真的可以形成激励。但如果没有肯定作为基础，尤其是父母望子成龙心切时就会放大比较的范围造成对孩子的伤害。比如，有的父母会说“你看你，连个琴都学不好，人家才学了几天，已经考级了，你干什么都不行”，一句“干什么都不行”就全盘否定了孩子。

如【案例22】所体现出来的，被否定时首先会激起孩子的愤怒，伤害孩子的自尊和自我认同感。如果父母几乎每天都像念经似的说几遍，刺激就变成了慢性伤害，孩子的愤怒就会转变成厌烦，其中包含着无奈、失望和怨恨，自尊伤没了，孩子就难免破罐破摔，自己都认为自己不行或者不想再做什么努力。

欣赏的眼光和包容的胸怀

要想以“肯定”为基础比较，先要有欣赏孩子的眼光。之所以这样说，是因为在我们的教育传统里本就有“纠错”的习惯，其背后的名言是“骄傲使人落后，虚心使人进步”，因为对骄傲的恐惧，父母不会轻易赞扬，又因为对进步的不断追求，所以总在虚心地寻找不足，做自我批评。在某种程度上，父母批评孩子时也是在做自我批评，因为深层次上，父母是把孩子当成自己或至少是自己一部分的。只是，这是父母一厢情愿的感受，孩子成长的任务本就是和父母分离，从依附于父母向独立过渡，这是自然规律，也是社会需求。其实对于别人家的孩子，父母真是绝对认可吗？答案是否定的，父母认可的还是自己的孩子，却往往在出发点、表达方式和引发的孩子的感受上产生了严重的错位，而且越走越远。所以，用欣赏的眼光看孩子并不容易。

包容的胸怀包容的又是什么呢？是认识到我们的孩子一定不完美！事实上，在每次比较中，父母都潜在地传达着对自己孩子完美的期待，优秀的期待。美好的期待无可厚非，但现实是，智商120以上的孩子是少数，颜值高的孩子是少数，艺术天分高的孩子是少数，能上清华的孩子还是少数，如果我们的孩子就是一个平凡的、各方面都不优异、不突出的孩子，我们就不会为有这样的孩子而自豪吗？其实，只是因为他（她）是我们自己的孩子，我们就能因为爱他（她）而自豪，而非因为特长或才艺。

如果理清了这两点，父母的比较就会是有限度的比较，而不会扩大化，也不会产生对孩子的否定与不接纳，认识明确了，感受就会完全不同，效果也会不一样。

比较是方法不是目的

再来谈谈动机问题，比较和考试一样，它是方法而不是目的。

时下家长、老师都在说要变“要我学”为“我要学”，这两种思路实际上都是学习的动机。“要我学”是外部动机，因为父母要我学才学，迫于父母压力才学，这是为了父母而学；“我要学”是内部动机，孩子是为了自己的需要而学，孩子想学才学。可见，我们的目标本是为了孩子取得好的成绩，那么当然需要的是孩子的内部动机。

我们来分析一下下面两种激励孩子的方式。

“你看你的好朋友都考了98，你才考90，不超过他，在同学中多没面子。”

“期末你能考进前三，我就给你买……”

先看第一种激励方式，和朋友比成绩本来可以是好的竞争与促进，但这个家长却把竞争的结果落在了面子上，面子是别人的看法，为了别人的看法而提高成绩，孩子的学习动机就成了外部动机。正确的比较方式是“你看你的好朋友考了98，你考了90，差得不多，其实我觉得你的实力不止于此，应该和他差不多，下次复习得细一些，好好发挥。”不抬高或贬低他人，也不为了单纯与他人比较或顾忌其他人的眼光，只为了证明自己的实力，实现自己，这样调动的则是内部动机。

同理来看第二种激励方式，考进前三本可以是证明自己的能力，或者突破自己的内部动机，却被变成了得到礼物或奖品的外在动机。正确的激励是不把礼物与成绩挂钩，如果要鼓励或惩罚都应放在考试后，并尽量与孩子的能力而不是成绩相联系。例如，“这次考得很好，说明你已经掌握了这阶段的知识，放假也该放松放松，爸爸妈妈打算带你出去玩。”注意，不是奖励孩子旅游，而是出去放松，而且是在考后提出的。或者，“本来想放假带你出去，但这次物理考得很不好，我们希望你多花些时间找找没考好的原因，补补落下的知识，所以出去的时间往后推推。”这里没有将旅游与成绩两者做必然连接，保护了孩子学习的内在动机，强调“物理”没考好，是更客观的表达，遵循之前提到的原则，在基本“肯定”的基础上，只是客观地指出哪里不足，而不会因为情绪而夸大或不注意细节。提出缺点时越准确越容易被接受，任何一点夸张都会激发几倍的反抗，当然这也是维护自尊的需要，这一点适用于任何人。

不要让孩子背上“优秀的包袱”

如果我们的孩子就是那“别人家的孩子”，那么我们在为孩子的优秀骄傲的同时，不能忽略“平常心”，越是优秀的孩子越要给他（她）犯错的机会。

从心理的角度来看，太过追求完美，压力太大都不利于身心健康，追求极致也可能出现强迫的倾向。当父母过分强调优秀，把孩子放在优秀的神坛上时，是否考虑过孩子还能否承受有瑕疵，甚至有缺点的自己呢？以成绩、特长为评价标准的青少年时代的优秀与承担家庭责任、追求事业发展、适应社会需要的成年阶段的优秀是否能够画等号呢？不让孩子背上优秀的包袱，才是对优秀孩子最贴心的关怀，要和对其他孩子一样，允许他们犯错，小的错误无伤大雅，但却能让孩子的成长更完整。

自己家的孩子怎么比较

以上分析都关于与“别人家的孩子”进行比较，如果将自己的两个孩子进行比较是什么情形呢？

竞争机制是很好的激励，在多子女家庭中尤为重要，也可以说是必不可少的，只是如何使用才是关键，一定要避免在无形中将孩子彼此推到了“假想敌”的位置上。如果比较是为了获得动力，虚心学习，那么前提一定是要让孩子有以下感受：第一，服气；第二，没有受到侮辱；第三，激发了内在动机；第四，有追上的希望。

很多时候，父母这样说：“看你哥学习就比你强，你怎么这么笨，一点也不让我省心。”虽然只有三句话，却表达了层层递进的三层意思，第一句“学习不如哥哥”，也许是事实，但弟弟或妹妹可能并不服；第二句“你很笨”，这就是对孩子做出了一个判断或者说评价；第三句“不让父母省心”则隐藏着关系危机。

怎样比较让孩子服气

先说服不服的问题，如前所述，越是具体客观地提出希望对方改正或提高的部分，就越容易被对方接受。但上述父母表达的“学习不如哥哥”，是语文不如哥哥？主课不如哥哥？还是所有课程都不如哥哥呢？越是范围不清晰就越容易让孩子感到被全盘否定，而往往孩子各有所长，不太可能哥哥每一门课都强于弟妹，所以孩子会不服。当然这里的不服也有为了维护自尊而“强词夺理”的一面，但也正好证明了类似这样的否定伤害了孩子的自尊。

进一步说，就算弟妹所有课程都不如哥哥，我们究竟是希望他(她)提高，还是想羞辱他(她)呢？如果是前者，父母要提出最希望他(她)提高的部分，比如做口算、写作文、英语口语这样的具体内容，才有利于孩子接受。

当然，如果之前父母已经无数次使用了扩大化的比较方式，可能已经让孩子自尊受损，让孩子心有不服，感到委屈，那就应该先处理孩子的情绪，再谈改变和提高的问题。

怎样比较不让孩子愤怒

上述父母的第二句话则犯了“以偏概全”的错误，传达了对孩子更深的否定。学习成绩不好与“笨”并不能画等号，如果说学习成绩不好还是基本事实的话，“笨”就有了判断和评价，直指孩子的自尊，一定会激发孩子情绪的波动，并不利于孩子接受意见或批评从而客观思考自己的不足。

别说他(她)只是个孩子，即便是成人，当被严重打击自尊的时候，也会因为气愤甚至愤怒而难以接受这样的指责，这也就是“恼羞成怒”的心理机制。这种否定只能使孩子陷入“不服→委屈→受伤→拒绝”的糟糕心境中，最后的拒绝是每个人都会有的正常的自我保护。

所以，还是要做到尽量比较具体的内容，不“上纲上线”，一旦上升到智商、品质、能力等问题，真是伤人，而且伤的还是我们最爱的孩子。

怎样比较不破坏孩子的安全感

“不让父母省心”“让父母很失望”“再也不管你了”之类的表达，是父母无奈又无力的内心表现，其中更隐藏着母子、父子的关系危机。还记得我们之前提到的“感情纽带”吗，孩子对感情纽带的感知是很容易被破坏的，当孩子感知不到与父母的感情纽带时，就是安全感的丧失，依恋关系被损害，更严重的是孩子感到绝望，甚至是自暴自弃。这都不是父母希望看到的，好在只要尽量减少伤害，如果有了伤害能够及时修复，一切都能向好的方向发展。而另一方面，比伤害更可怕的其实是不知道伤害的发生。

如果要通过比较达到激励的目的，可以这样表达：“你和哥哥都是我的孩子，哥哥数学成绩那么好，你也不会差，是不是没掌握方法，还是哪个弯没转过来，总结一下，需要我和哥哥帮助吗？”把哥哥塑造成榜样，而不是对手；虽然指出孩子成绩不好，但并没有全面否定他(她)的能力；激发孩子希望证明自己的内在动机，并传达出对他(她)能追上哥哥或者取得进步的信心。

比较的时机也很重要

比较的时机也很重要，比如是否有其他人在场，是否是在孩子心态适宜的时候。随着孩子年龄的增长，家长更要考虑在什么场合，什么情况下和孩子沟通。

对学龄前的孩子可以更多用游戏的方式互动，适当插入几句道理即可；对步入青少年阶段的孩子则应尽量以约定的形式，说好某个时间进行专门交流，避免在任何时间对同一问题不停地“念”。心理学上有一个概念叫“超限效应”，顾名思义，就是指刺激过多、过强或作用时间过久，超出了忍耐限度而引起人心理极不耐烦或逆反的心理现象，而且这种忍耐会因为日积月累而呈现耐性越来越差的趋势。这也是部分孩子到了青春期一反常态，根本不听父母任何说辞，或根本拒绝交流的原因之一。其实，这类问题绝不是青春期阶段刹那的发作，而是天长日久积累所至，只是在青春期这个特殊时间段孩子拥有了抗争的力量。家长要一直以注意时机、注意方式的态度对待“比较”，才会真正达到对孩子有效的激励。

一个不错的比较机制

这是一个不错的比较机制——加入第三方，或者是将比较的范围扩大。例如，如果两个孩子年龄都不大，在引导他们学会整理自己的玩具或物品时，可以以比赛的形式进行，每个人都需要整理自己的玩具，看谁完成得又快又好。这时可能出现的问题是小宝总是比不过大宝，没有动力，大宝总是赢也没有动力——竞争一定要有赢的希望，又不是轻而易举获胜，才会有动力。这时候妈妈往往会以帮助小宝的方式推动游戏，但这个方法一方面并不能调动小宝自己的主动性，常会变成妈妈完成任务，另一方面也会让大宝觉得不公平，没意思。所以，这时加入第三方才是有效的办法——妈妈或爸爸也同时加入比赛，也去整理自己的物品，当然最终要让孩子们获胜。

这是因为，我们必须明白孩子在胜利后被表扬的“阳性强化”中获得的是自信，是一次次实现自己的内在动力，而在失败后先沮丧再鼓起勇气，激发的是不服输、坚持的毅力。而越是年幼的孩子越需要更多的自信，要在自信的基础上再谈挫折教育。那么，在有第三方介入的情况下，每个孩子都能够充分发挥自己的能力，赢的孩子开心，收获了信心和肯定，取得第二名的孩子，尤其是小宝，他（她）相信自己赢了妈妈（爸爸），所以心中既对哥哥（姐姐）产生了崇拜，又觉得自己是第二，不会有失败的沮丧，最后留下了希望像哥哥（姐姐）一样棒的感觉。当哥哥姐姐成为小宝心悦诚服的榜样时，对大宝和小宝都很有益，大宝会更努力，小宝也不会和哥哥姐姐无理争抢，两个孩子的关系会很融洽。

如果孩子已经上小学或中学了，他们能够明白妈妈爸爸的输不是真的输，那么这种比较机制就可以改变一下，比如与孩子玩一些父母真有可能输掉的游戏，在交替的输赢当中让孩子产生追赶的动力；或者扩大比赛范围，让孩子和更多的同学朋友一起，即使比较的是学习成绩也是放在更大的范围内进行，让孩子感觉到有优有劣。而对比较的结果，父母要少一些评价，多一些鼓励，就会有更好的效果。

2 发现孩子的特点

是“特点”而不是“优点”

为什么这里不说“发现孩子的优点”而是“孩子的特点”呢？因为，一旦说到优点，就有了评价和比较，而且同时就有了缺点，因为优点本就是相对缺点而言的，没有缺点相对应，没有优于其他人，就谈不上“优”，谈“特点”就更中性一些了。提出“特点”，就是强调父母要做到少比较，少评价，特别是对孩子比较少的家庭。

如果，家里只有一到两个孩子，那么，他们就承载着全家的所有希望，家庭对他们“优”的追求就会远远超出孩子正常能承受的范围。但如果没有孩子被允许做平凡人，那确实成为平凡人的大多数人是不是都伴随着失望，并且充满遗憾与压抑呢？每个人在幸福这件事上的感受都与自己的心理状态与精神世界关系更密切，而父母们真正追求的都是孩子的幸福，不是吗？

“丑小鸭实验”

逢年过节，我们常常会送出一句祝福语——心想事成，其实在孩子的教育上，这个愿望真的可以实现。有一个著名的心理学实验——罗森塔尔实验，也叫“丑小鸭实验”。1966年，美国心理学家罗森塔尔通过实验，研究了教师对学生的期望所能对学生成绩产生的影响。

这个实验并不复杂，罗森塔尔来到一所乡村小学，给各年级的学生做了语言能力和推理能力测验，测验之后，他没有看测验结果，而是随机选出20%的学生，告诉他们的老师说这些孩子很有潜力，将来可能比其他学生更有出息。8个月后，罗森塔尔再次来到这所学校，奇迹出现了，他随机指定的那20%的学生成绩有了显著提高。

为什么呢？显然是老师的期望起了关键作用。老师们相信专家的结论，相信那些被指定的孩子确有前途，于是对他们寄予了更高的期望，投入了更大的热情，更加信任、鼓励他们；反过来，这些孩子的自信心也得到了增强，因而比其他80%的孩子进步更快。

罗森塔尔把这种期望产生的效应称之为“皮格马利翁效应”。皮格马利翁是希腊神话中的一位雕刻师，他耗尽心血完成了一位美丽姑娘的雕像，并倾注了全部的爱给她。上帝被雕刻师的真诚打动了，使姑娘的雕像获得了生命。罗森塔尔在实验中发现的“皮格马利翁效应”，不仅影响了人们的教育观念，而且对人们的其他社会性行为都产生了深远的意义。

以积极的态度期望别人

罗森塔尔的实验告诉我们，你对他人的期望会间接地产生多么巨大的效果。我们以积极的态度期望别人，别人可能就会朝着积极的方向改进；相反，我们对他人的偏见也能产生消极的结果，尤其对那些缺乏自知和自控能力的未成年人。

因为“心想就可以事成”，所以我们需要更关注孩子的长处，即使孩子犯了错也依然相信他(她)是个好孩子，给予他们积极的期待。总看到孩子的缺点和不足，担心他们学不好很可能只是父母自己的焦虑。

不用唯一的标准评价孩子

当父母面对两个孩子时，如果只用一个标准评判，就一定有好有坏，有优有劣，而这唯一的标准则未必是恰当的。

【案例24】

强子从小学习成绩就不如哥哥，为这事没少听妈妈唠叨，在他心里，好像也早早就断了升学的念头，混了个高中文凭就去闯社会了。但他人勤快，脑子灵，在哪个单位打工都得到领导喜欢，很快就积累了人脉和经验自己办了个公司，如今生意做得风生水起。现在强子的哥哥也大学毕业了，赶上扩招，大学生就业压力大，所学专业也不好找工作，一时失意待在家里。妈妈又开始唠叨，只是这次，唠叨的对象变成了哥哥。

没错，妈妈的唠叨其实是担心，更是关心，只是我们发现，在这个案例里，用学习成绩作为唯一标准时，其实低估了弟弟的能力，在复杂的社会生活中，课堂上的知识与成绩只是很小的一部分能力的体现。而以是否赚到钱作为唯一标准时，又错误解读了哥哥的暂时挫折，这也是一些“读书无用论”者的错误所在。如今流行讲故事，成功学讲成功人士的故事，考上名校的孩子的父母讲教育的故事，但故事不能只听一半，一个人的所谓成功都不是一个时期的，而一生的价值也不必然等同于简单的成功。同样，故事不能只听内容，有样学样，能用在自己身上的往往不是故事里的内容，而是故事背后的态度与精神。

不用唯一的标准评价，找到孩子的特点，可以有以下三个层面的做法。

发现孩子的天赋和潜力

发现孩子的天赋和潜力并不是一件容易的事，自古就有“千里马常有而伯乐不常有”的警句，而这么难的事，如果父母做不到，其他人就更难做到。

从出生开始，在和孩子相处的分分秒秒中，父母都可以对孩子细致观察。但前提是父母们必须有学习的精神，先了解每个年龄段孩子的发展特点，除了之前提到的基本心理需求，还要了解孩子认知的发展、动作的发展和思维的发展等等。了解了这些知识，父母们才有观察的方向，同时才能够将自己的孩子与一般标准进行比较，发现孩子不同于常人的天赋。否则就容易犯两个倾向的错误，或者因为是自己的孩子，就觉得他(她)处处出色，其实孩子只是正常水平；或者有所忽略，让孩子的一些潜力从眼皮下滑过。

当然这个程序也可以反过来，先观察再学习比较。总之，多观察孩子各方面能力的发展，父母就有机会成为孩子人生路上的第一个伯乐。

发掘孩子的潜力

在发现的基础上，更重要的是发掘孩子的这种潜力，让它得以发扬。其实即使是没有特别优势，但很好的发掘，将现有的能力最大化开发，也能令孩子取得更好的成就。

例如，如果我们发现孩子视觉能力强，未必只是去选择绘画，可以多让孩子参与各类视觉能力训练或使用的活动，在活动中由于视觉优势，孩子会收获更多成功的经验和乐趣，他(她)也会因而选择自己有兴趣的方向。如果看过电视节目《最强大脑》，相信大家都了解，仅仅是视觉能力就包括非常多的方面，比如对色彩的分辨能力，对形状、大小的感知力，观察能力……其实无论在哪个方面，只要能够充分地发扬孩子的优势能力，就是一个良性循环。

当然，这里说的是能力，而不是如数学、英语、绘画这样的具体科目，能力的培养只是通过对这些科目的学习、参与实现的。比如，孩子语言能力的发展中，形容词使用的迅速发展是儿童句子复杂化的一个标志，也是儿童对事物性质认识迅速发展的一个标志。两岁的儿童大多掌握了描述物理特征的形容词；两岁半开始使用描述动作、味道、温度的感觉词；三岁时能使用描述人的外貌特征、情感和个性品质的形容词；四岁以后是儿童形容词使用的快速发展时期，四岁半开始使用描述事件情境的形容词。当我们发现自己的孩子三岁开始就能够很好地使用形容词，并发展很快，就可以肯定孩子的语言能力强，那么我们就可以多给他（她）讲故事，多让他（她）听演讲，并且鼓励他（她）讲、模仿、语言识别。只要是与语言相关的活动都可以尝试，孩子就会自己找到他（她）最感兴趣的部分，是演讲还是配音，或者其他，当然也可以报一些学习班，但不仅限于此，因为平时任何时候都可以训练和学习，不要太生硬，更不能强迫。潜力要发掘也要保护，不要因为强压式的学习训练，反倒破坏了孩子的兴趣。

两个层面发挥孩子的能力

“发挥”是从两个层面来说的，一方面，于内孩子需要克服干扰把能力发挥出来，另一方面，于外孩子也需要通过合适的途径才能发挥能力。

良好的心态和健康的性格是能够很好发挥自己能力的基本保障，在发现和发掘优势能力的同时也要兼顾其他，让孩子均衡成长。比如，孩子可能因为紧张不能很好发挥自己的水平，虽然某项能力很强，但却有明显的弱项，比如人际交往能力，口头表达能力，或生活自理能力。之前著名高校少年班的天才少年因为生活自理能力低而退学的事件就是有关这个问题相对极端的例子。

很多观点不能简单用对错评判

每个孩子都有他自己的特点，相信每位父母都能够理解孩子的差异性，但也有可能在对每个孩子的不同特点的接受上产生偏见。有很多观点是难以用对错来简单评判的，比如“学会数理化，走遍天下都不怕”“万般皆下品，唯有读书高”“家有三斗粮，不当孩子王”……

以上每句话都有它产生的时代背景，有它存在的理由，简单说这些观点是错误的并不合理。并且，这类与价值判断、人生期待等相关的命题本就没有对错，每个人都可以有自己的态度和选择，只是问题在于当用自己的观念去看待他人时怎样才是合理的，尤其是对孩子。如果父母不给予指导，孩子并不具备完全的判断能力，可给予指导又可能是强加自己的意志于孩子。所以在引领孩子前行的过程中，父母要信任孩子是不会出格的，而这个“格”不是别人的，正是父母的。孩子从小在父母的指导下成长，他（她）一直都在这个“格”里，即使有一天他（她）想突破，证明自己的不一样，也不会离开太远，因为那是他们与父母的深层联结，也是他们的安全和归属。

接受孩子的特点时容易产生偏见

撇开这些没有对错的观念，再来谈谈偏见。有不少父母觉得孩子内向是一个缺点，希望他（她）能活泼起来，但其实内向还是外向只是一种气质类型或者性格特征，没有好坏，只是不一样而已。外向的孩子可能活泼，爱说话，给人开朗阳光的感觉，但活泼就可能好动、调皮，上课爱做小动作，爱说话就可能言多必失；而内向的性格可以是沉闷也可以是安静，这道理就像一句歌词一样“有时候，孤单可以寂寞也可以是自由”。所以，性格没有好坏，所谓好的特点也会有不好的一面，或者不好的时候。再比如有的孩子天生胆小，因为勇敢是被普遍推崇的美德，所以胆小似乎就成了一个缺点。但勇敢可能离鲁莽很近，胆小也许和谨慎不远，胆小的孩子不太可能尝试太过冒险的事，却会因为担心把事情考虑周全再做，如果从这个角度看，胆小岂不是个优点？

这一类的偏见还很多，一方面，父母需要看到孩子不同性格、不同特点的优势和劣势，并尊重这种不同，接受这种不同，性格、特长、优缺点都可以是不同的，而父母对孩子们的肯定和爱是相同的，那么孩子们的幸福就会是相同的。另一方面，正是看到了孩子的不同并接受这些不同，我们才能找到指引孩子的方向，内向的孩子不需要让他（她）活泼，但可以引导他（她）不沉闷不压抑；天生胆小的孩子不需要让他（她）刻意勇敢，但可以鼓励他（她）多尝试，不往退缩的方向发展，同理，天生胆大的孩子，也不能一味地鼓励他们往冒险的方向发展。

曾经有位妈妈说自己5岁的儿子看电视，有悲伤的情景他会哭得特别伤心，会不会性格太软弱了，一个男孩子这么爱哭，多愁善感。实际上，从年龄说，5岁还是个小男孩，不是大男孩，更不是大男人，哭鼻子还谈不上男性气质的问题；从多愁善感来看，仅这一种现象提供的信息不足以证明孩子是这样的性格，就算是，多愁善感也有优势的一面，比如感情细腻；再从软弱来看，在这个年龄段做这样的判断还为时过早，就算看到可能的苗头，也正是我们给予孩子支持、鼓励，帮助孩子建立勇气的好时机。

作为父母，我们只有破除偏见，放下比较，不忘爱孩子的初衷，才能发现属于两个孩子不同的特点，并接纳它们，欣赏它们，同时也才能收获两个虽然各有特点但同样幸福的孩子。

3 孩子的幸福在哪里?

每个人对孩子都有期待

问十位家长“希望将来孩子过怎样的生活”，也许会有各不相同的答案，但十位家长都不会排斥“孩子能过着幸福的生活”这个答案。然而幸福在哪里？我们应该如何去追寻？作为父母我们又应该如何引领孩子走向幸福生活呢?

每个人们关心的主题都是心理学研究的方向，在众多的关于幸福、快乐的研究中都表明每个人的幸福和快乐的感受与其“自尊”水平有高相关性。自尊是人们在应对生活基本挑战时的自信体验和坚信自己拥有幸福生活权利的意志。简单说，自尊是指每个人对自我的肯定，主要指自我能力感和自我价值感两个方面，而自尊的培养与社会比较、社会期待和社会赞许有关。之前已讨论了比较这个主题，下面一起讨论一下“期待”。

有人说“养儿防老”，有人说“孩子就是生命的延续”，每个人对孩子的期待并不相同，但不管我们抱着什么样的期待，孩子都带给我们共同的收获——希望。

【案例25】

网友提问："孩子上幼儿园了，老师让写作为父母对孩子的希望和寄语，应该怎么写呢？"

【案例26】

我大学毕业的时候，我母亲非要让我去当老师。在她眼里，老师这个职业又神圣、又光彩，还能桃李满天下。可我没有当老师，我妈气坏了，每天做我的工作，希望我赶紧回心转意，回学校老老实实地教书。当老师，在某种意义上的确可以使生活更稳定，但有那么必须吗？后来我才知道，我妈年轻的时候本来可以成为一名教师，却因为一些机缘巧合，错过了机会，后来她一些当老师的朋友收入比她高，待遇比她好，生活也比她稳定，于是每当工作不顺心的时候，我妈都后悔当年没有成为老师。所以，她那么执着地让我去当老师，就是把这个遗憾转嫁到了我头上，觉得如果我不去当老师，有朝一日一定会像她一样后悔。

【案例27】

有一则公益广告，一位母亲送儿子上学，说："等你长大了，我就享福了"。孩子上大学了，母亲说："等你大学毕业，我就享福了"。孩子毕业后，母亲说："等你结婚了，有孩子了，我就享福了”。再后来小孙女对奶奶说：“等我长大了，让奶奶享福！”

关于对孩子的期待，平时讨论得很多，以上几则案例，代表着时下常见的几种父母心态。

不明白自己想要什么的父母

【案例25】中网友提出的问题，我们不妨问问自己，究竟我们希望孩子怎样？这个貌似再平常不过的问题，还真不一定能够回答到自己的心里。健康、成功、快乐……好像什么都希望孩子能拥有，却又好像太空泛。又或者有部分父母根本就没有仔细想过这个问题，别人都给孩子报班，我们也报，别的孩子都学钢琴，我们也学，不能让孩子落下。如果父母自己并不清楚自己希望怎样，又如何能给予孩子正确的引导？

一个懵懂的孩子如何能有理想有追求？比起时下很多文章中反对的强压于孩子的要求，更可悲的是我们强压给孩子很多，但最终发现根本不是我们想要的。这样的例子不胜枚举，人生不是一蹴而就，不妨放慢脚步，多些思考，尤其是在孩子的问题上，如果希望把他们引领上幸福的大道，那作为导航的我们就先要明白什么是幸福，我们要去哪儿。

期待“子承父业”型父母

【案例26】描述的正是希望孩子“子承父业”型父母，他们希望孩子实现自己未能实现的理想，或者承继自己引以为傲的事业。每个人都无法避免将自己的意愿投注在别人身上，这未必是想控制或要求别人，只是因为我们每个人都只能用自己的心去思考，从自己的感受出发。比如去菜市场买菜时，我们的第一反应来自自己的身体，所以会不由自主地看自己更爱吃的菜，第二反应的才是大脑，才会思考其他人爱吃什么。当请客人吃饭的时候，因为并不了解对方，我们也很可能会先从自己的感受出发先介绍自己认为好的菜。

对孩子更是如此，孩子刚刚出生时并没有自己的喜好，我们会用我们的好恶安排他们的生活，于是我们的喜好就成了他们的喜好。但孩子每天都向着更独立、更有主见的自己靠近，他们有越来越多自己的见解，如果父母不随之调整自己要求孩子的程度，就不可避免产生与孩子的矛盾。

【案例26】中，确实有一部分可能是妈妈希望将自己的“未完成情结”在女儿身上实现。未完成情结是指因为未完成的事件或夙愿而对某“事件”的处理悬而未决，个人处于不能理解、没有能力的状态，但创伤的状态又在内心要求弥合或者说要求“完成”，这种弥合的要求有时被否认，有时被潜抑，有时被合理化，总之是并不能被当事人意识到的情况。

但我们也应该能体会到妈妈希望把最好的给孩子的心态！

因为她对教师职业的认可，她就认为这是最好的职业，所以她希望女儿能得到这最好的。只是当这个最好与女儿的最好不重合时，这个矛盾该如何化解？这个选择应尊重谁的标准？或许我们理清了母女各自的最好，理解了妈妈的希望后，反过来妈妈也能接受女儿的选择。

而妈妈也是时候看到自己的心，知道在这份期待的背后有自己的遗憾或对自己的期待，那么这份期待就可以放下了，或者可以把“未完成情结”尝试着以其他形式完成。例如没有上大学的遗憾可以现在尝试重拾学业，没有从事热爱的歌唱工作，退休后参加老年合唱团等等，社会的进步让很多事有了可以从头再来的机会，也给了父母完整自己人生的机会，给了孩子追求自己人生的可能。

“牺牲奉献”型父母

【案例27】中妈妈伟大的母爱让每个人都为之动容，这样一类妈妈具备中国传统妇女的美德，有着坚韧与隐忍的品格，她们代表了“牺牲奉献”型父母。可是我们看这则公益广告时除了感动，多少还会有些心酸，每一个孩子都并不希望妈妈这样付出直到老去。或许这也正是创作者希望传达的态度，希望妈妈不必等待，而能享受自己的生活。我想这则公益广告的用意是在肯定妈妈付出的大前提下，让大家意识到妈妈的牺牲可以不必如此心酸。

这类“牺牲奉献”型父母，从孩子出生起就和孩子是“共生”关系。从婴儿出生的第二个月开始，婴儿以一种“婴儿和母亲一起似乎是一个全能系统——一个二元单位”的感觉活动和运转，在共同的边界内，婴儿好像有一种海洋般的无垠的广阔感受，就如同和妈妈合二为一的感觉，这就是“共生期”，婴儿5个月大时会渡过这一阶段转入下一阶段。简单说，共生就是孩子与母亲是二位一体的，这样的心态下，会发生什么状况呢?

多数有两种倾向，一种是真正意义上的传统型妈妈，虽然妈妈的一切都是家庭和孩子，但妈妈根深蒂固的观念就认可这种状态，从而形成真正严父慈母式的家庭，孩子承受的要求与期待往往是来自父亲或家族，母亲则因为没有权力所以没有控制。另一种是父母为孩子可以做一切，但同时也将自己的意志加在孩子身上，这不是所谓的强加，之所以如此正是因为父母感觉和孩子是一体的，管理孩子的事根本就是在管理自己的事，父母这样的强加背后同时也付出了所有。但当孩子要求发言，要求独立时，与其说是父母在强迫控制孩子，不如说是父母害怕与孩子的分离。就如同孩子小的时候，父母用“再不听话，就不要你了”来吓唬孩子，孩子的确害怕，如今孩子也要用不服从于父母的意志要求独立，父母也同样害怕。越害怕越想紧紧把握，于是父母总会念叨“孩子和以前不一样了”。

如果妈妈爸爸们都能对以上几个案例的分析有深入的思考，不盲目跟风教育；认识自己的“未完成情结”，重视自己的人生意义；遵循孩子或者说每个人的成长规律，从与孩子完全一体到逐渐分离，慢慢放手，把握自己的人生，同时给予孩子独立；那么，我们必将收获自己和孩子各自精彩的人生。

父母期待落空有原因

同样是期待，但心态各不相同，以上几种是需要父母理清的，本不应由孩子承担的期待。其实生活中更多的是具体的小事，此时，我们又应该抱着什么样的心态期待呢?

让我们看看一些常见的情况：

情况一，当孩子已经学会了独立如厕，我们的心理预期是“他以后都不会再拉裤子了”，结果呢，孩子某天突然又把大便拉在裤子上，而且貌似孩子一切都很正常，这个行为简直像是故意的，让人崩溃!

情况二，开朗外向的宝贝第一天进入幼儿园，父母的心理预期是“他一定会比内向腼腆的孩子更容易适应，更少出现分离焦虑”，结果呢，孩子哭了整整一个月，父母也跟着焦虑了整整一个月。

情况三，明明大宝已经明确表示欢迎二宝的到来，父母的心理预期是“等二宝真的到来，大宝会像他之前表现的那样开心、合作”，结果从二宝回家的那一天开始，大宝就失控了，乱发脾气，甚至企图伤害二宝。

……

其实，这所有的预期落空只是因为我们还不够理解孩子。

如果我们知道，孩子成长的基本规律就是会在成熟的过程中有波折，而任何一次波折都一定有它的原因，那么我们就会尝试通过观察、沟通去了解孩子又拉裤子的真相，而不是想当然地认为孩子是故意的。是因为拉臭臭有不适的感觉？是因为有什么压力影响孩子正常如厕？是因为最近和妈妈分离有些焦虑的“退行”反应？还是其他什么原因？

如果我们知道分离焦虑与性格的内向外向无关，而是与孩子和妈妈的依恋关系有关，我们就不会因为孩子外向就认定他（她）会很快适应幼儿园的新生活。

如果我们知道大宝正处于“跟着感觉走的”年龄段，还不能完全地理解做出承诺，遵守承诺的真正意义，他每一刻的表达都是真实的表达，都表达的是他（她）那时那刻的真实感受，那么我们就知道他（她）之前表达欢迎小宝是真实的，但现在很不安，心情很不好，需要安慰也是真实的，我们也就不会为现在大宝的出尔反尔而生气愤怒。

有些让我们受挫的期待可能并不是孩子怎么了，而是我们的期待本身并不恰当。恰当的期待需要父母对孩子成长规律的了解，对孩子独特性格特点的理解，也需要父母对一些基本信念的坚定，比如相信孩子单纯善良的天性和对父母无条件的信任与爱。

家有二孩儿的期待

当家庭中有了两个孩子，我们的期待又会有什么变化呢?

最直接的变化是——父母的期待被分担了，独生子女承载着全家的期待，他们要在家长们的期待冲突中寻求自己难得的空间，而多子女会无形中分担这些期待。对家长来说，即使不这样刻意想也会隐隐有“至少XX是成功的，是像我的”之类的思想，从而给了其他孩子更大的空间，实际上则是每个孩子都相对有了更大空间。

长子女尤其是长子有先天的优势，但同时也承担着更多的家庭责任甚至家族责任，除了家长的心态，孩子的心态也会不同，对他(她)来说是没有比较和推诿的。多子女家庭则不同，相信大家都知道“三个和尚”的故事，如果合作当然是人多力量大，但如果相互推诿、攀比，则人越多越没有人承担责任。我们时而看到有三五个儿子的老人却无人赡养的社会问题正是在这样的心态下产生的，当然这种心态不是因为多子女引起的，而是多子女在成长中“不公平”的感受带来的。

但即使是两个孩子也还是不多，所以父母要能够抛弃那些转嫁给孩子的期待；放下对孩子过多过高的期待；遵循孩子的成长规律，减少不适宜的期待；恢复平常心公平的对待，欣赏两个孩子的特点，鼓励孩子承担各自对家庭的责任，幸福之路就在前方。

4 对孩子的赞扬

每个人都需要赞扬

赞扬不是生活的奢侈品，也不是调味料，而是滋润心灵的甘露，鼓励前行的港湾，没人欣赏的花朵只能沦为孤芳自赏，没人赏识的人才只能感慨怀才不遇。赞扬能够表达对情感的理解，对行为的肯定，传递鼓励与支持，我们每个人都需要赞扬带来的力量。

【案例28】小学生作文

像我这种成绩差的人是很难受到老师夸奖的，所以那次老师的夸奖令我永生难忘。

那是我上三年级的一天。中午放学后，下起了大雨，幸好早上上学前我见天有点黑，所以带上了一把伞。我刚走出校门的时候，看见有一位低年级小同学好像很焦急似的，可能在等他的妈妈给他拿伞来吧！虽然我很想自己撑伞走，但看风大雨大，他又小还是决定把伞借给他，

“小弟弟，我把伞借给你，你打伞回去吧！”那个男孩

说：“不，我不能要你的伞，我要了你就没有了。”我想了一个法子让男孩接受伞，便说：“我妈妈要来接我出去吃饭，你下午把伞还给我就行了。”男孩带着歉意说：“好吧！谢谢你，我下午把伞给你。”男孩拿了伞走了，我才放心地走了。走在回家的路上，我虽然淋湿了全身，但我很高兴，因为我做了一件好事。

下午到了学校，老师把我叫到了办公室，我还以为我又做错了什么事。可老师没有批评我，他只是笑着说：“你中午做的那些事我都看见了。晶晶，平时我经常批评你，真不应该，你原来是一个好孩子”。

我听了，心里乐滋滋的。

【案例29】小学生作文

妈妈说过要做一个善于夸奖别人的人，我开始很好奇，为什么要善于夸奖别人呢？难道夸奖还有什么特殊的作用吗？后来我才感受到夸奖真的很有用。

一天阿姨要外出办事情，让我在家里照顾弟弟一会儿，她很快就回来。可是弟弟现在五六岁正是最调皮的时候，我还真怕自己搞不定他。阿姨走后弟弟算是得到了解放，在屋里折腾起来，一会儿在地上翻滚，一会儿把玩具丢得满地都是。我看了担心阿姨回来生气，就跟在后面收拾。可是我只有两只手啊，收拾完这边顾不上那边。我一定得要想个办法让弟弟自己收拾才好。

我就把弟弟拉到一边对他说："你已经是大孩子了对不对，我们来玩大孩子的游戏，好不好？"弟弟果真点点头，说自己就是大孩子。我又说："那我们现在就开始收拾屋子吧，这才是大孩子要做的事情。"弟弟在我的哄骗下终于跟着我开始收拾屋子了，但是干了还没十多分钟，弟弟的本性又来了，一会扔一会捡，我就再夸奖弟弟真懂事，都知道自己收拾屋子了，真是大孩子的表现。别说还真管用，弟弟听到我夸他，也不玩了，又开始收拾东西了，一会儿问我："姐姐这个放这里好吗？"我就说你是大孩子自己做决定就好，等他放好之后，我就夸他说他做得真棒，比我都厉害了呢。弟弟在我的夸奖下把屋子里面的玩具收拾得整洁干净。阿姨回来都大吃一惊，本以为会看到满地混乱的场景，没想到我和弟弟把家里收拾得更干净了。阿姨也直夸我有办法。我听了夸奖心里更是信心十足了。原来这夸奖真的是很有魔力的，在夸奖之下人们的能力就能发挥得更好。

赞扬也要有技巧

两篇小学生作文，从孩子的视角表达了被赞扬的感受和赞扬别人的效果，第二篇还很好地示范了如何让小宝养成好习惯，以及两个孩子相处时大宝的智慧。说起赞扬对孩子的作用，每个人都并不陌生，谁没经历过被赞扬后的自喜呢，朋友圈里发几张美照，分享几个自制的菜肴，得到点赞，都是继续愉快生活的动力。

鼓励式教育虽然得到越来越多家长的认可，但赞扬也是有技巧的，如果感觉到赞扬没有明显作用，或者孩子好像对夸奖越来越没反应了，那说明也许我们没有领会赞扬的真谛，很有可能我们的赞扬只是浮于表面，流于形式了。

真诚的赞扬

真诚是人际交往中最宝贵的品质，每个人都愿意和真诚的人交往，都渴望获得信任，也都会因为被欺骗而最受伤。对待孩子更是如此，他们虽然年龄小，但正因为年龄小，感受力没有被破坏，反而更能够非常敏锐地体察到父母的情绪。所以，真诚是赞扬这个行为能够传递鼓励、认可的基本保障。

让我们用成年人的感受体验以下情况：

情况一，妻子刚买了新衣服，特地穿上去参加爱人单位的聚餐，可是好像根本没有得到爱人的注意，回到家有些不高兴地问："你看我买的新衣服怎么样？"爱人看着手机，头也不抬地说："挺漂亮。"

情况二，张科长的女儿第一次到办公室，就得到了大家的热情关注，有人夸漂亮，有人夸可爱，还有人说这孩子一看就懂事，将来肯定有出息。

以上是很常见的两个生活片段，第一种情况是敷衍的赞扬，这样的赞扬不仅不会令被赞扬的人收获被认可的开心，反倒会制造出隔阂，这种情况下，适当提出意见反而更让人觉得真诚。第二种情况是虚伪的赞扬，受到表扬的人只会觉得好像不是在夸奖自己，这种赞扬充满不切实际的空洞，只能定义在较疏远的人际交流中，或者算作一种礼貌性表达。

父母们都觉得自己赞扬孩子的时候不会出现上述的两种情况，其实只是我们没有觉察而已。孩子刚学会背一首诗或唱一首儿歌，我们都能够给予真诚的赞扬，夸奖孩子聪明，但如果孩子连续一周每天都背这首诗，并且一天背好几遍甚至十几遍，并且每次都要你鼓掌支持，我们回忆一下当时的真实心情是什么？还会真正感到开心，觉得孩子很棒吗？还是已经不耐烦了？这时父母的不耐烦其实才是真实而自然的感受，原本孩子的行为在成人这里并没有太大的趣味或挑战，让我们感到动心的是看到孩子的成长，看到他（她）可爱的样子。但当孩子一直重复的时候，进步的感受也消减了，只剩下了可爱，这时父母难免做不到发自内心的真诚赞扬。

那么，这种情况下，真诚的赞美从何而来？只要我们做到勤于观察和善于观察就会有源源不断的“真诚动力”产生。还是这个例子，孩子每次背的都是同一首诗，但他（她）背诵的熟练程度，对有些字的发音肯定都有变化，都会不断进步，或者他（她）看到一些相关的情景就会想到这首诗，表明他（她）对诗的理解和记忆越来越深刻。当我们观察到这些变化时，就会为孩子的点滴成长和进步发出真诚的赞扬。

上面讲到的第二种情况也一样，虽然大家是第一次见到科长的女儿，不用说“一看就懂事”“长大肯定有出息”这样连自己都不信的话，当然哑口无言，无话可说也不好。通过观察，其实可以很容易看出孩子是活泼还是安静，是不是有礼貌等等，具体的赞扬才是真诚的赞扬，才能真正拉近对话者的距离。

有句话“世间不缺乏美，缺的是发现美的眼睛”，只要有一颗真诚的相信孩子、愿意赞扬孩子的心，发现孩子的进步或优点绝不是难事。但如果那首诗真的背了很多遍，就不必敷衍赞扬，为了表扬而表扬是没有意义的。

具体的赞扬

具体的赞扬非常有助于让孩子明确什么行为是能得到父母认可的，可以以此帮孩子养成好习惯。当然，类似“你真棒”“真聪明”这样的表扬也不完全是不合适的赞扬，还是要细分。在孩子比较小的时候，不具体的、广泛意义上的表扬也是适宜的，这样简单的形容词很容易理解，在孩子这个阶段反而不适宜使用过分抽象复杂的语言，如果孩子不理解就失去了表扬的意义。

孩子接收到父母的肯定，慢慢就形成了对自己的肯定，之后可以再逐渐给孩子具体的多方面的引导。也就是说，可以先以抽象的赞扬形成一个基本的接纳，让孩子建立自信。随着年龄的增长，孩子的理解能力、需求都在提高，如果我们再始终如一用同样的话赞扬就会和那些礼貌性表扬一样，不能触及孩子的内心。比如：

3岁时，孩子学会了一首儿歌，妈妈说："我的宝贝真聪明。"

8岁时，孩子第一次独立完成了一篇作文，妈妈说："孩子你真聪明。"

15岁时，孩子中考成绩优异，妈妈说："你真聪明。"

我们可以直观地感受到，同样的一句赞扬越来越不够力度了。孩子刚开始学习知识时，赞扬孩子聪明确实有一定的鼓励作用，但随着孩子年龄的增长，取得任何成绩都不是简单地靠聪明、靠鼓励了，这里面有孩子的努力，也有其他条件的配合。如果父母没有意识到这些变化，仍然简单赞美孩子聪明，孩子反而会越来越感到父母并不了解他（她），也不能体会他（她）的感受，这样的赞扬就完全失去了作用。

再看下面的例子：

妈妈生病了，孩子为妈妈拿药。

3岁时，我们说："宝宝真乖，妈妈爱你。"

8岁时，我们说："我的孩子懂事了，知道关心妈妈了。"

13岁时，我们说："XXX长大了，有你妈妈很安心。"

同样的情景，选择了不同的赞扬方式，选择的标准是孩子在不同年龄段的不同需要。学龄前侧重情感的连接，好习惯的养成；学龄期要在好的行为基础上慢慢加入品格教育，十岁以后可以使用更抽象的语言；青春期则应强调孩子长大的主题，促进孩子自我认同。当然，孩子的成长很复杂，但父母一定要有这样的思路才能给予孩子积极有效的指引。

赞扬的艺术

语言的运用很有技术含量，所以俗语说“话有三说，巧说为妙”，有的人还真是“连夸人都不会夸”。在和孩子的互动中，爸爸妈妈提高自己语言表达的准确和艺术也是非常有必要的。

说到底，最好的赞扬还是真诚的赞扬，所以我们更推崇“真实的感受→细致的观察→中肯的赞扬”，如何感受就如何表达，真实的情感最能连起孩子与父母的心。之所以要赞扬孩子就是要让孩子感受到认可，建立自信，培养自尊，同时得到鼓励，锻炼克服困难的意志，真情实感最能实现赞扬的初衷。

另外一种不适宜的赞扬需要强调，长时间的夸大的赞扬会破坏孩子的“现实检验力”。所谓现实检验力就是对外界可以进行客观评估的能力。孩子对自己的认识是从父母家庭开始的，其次是学校，过度的否定会让孩子一味否定自己，而低估自己的实际情况；同理，过度夸大的赞扬，偏离了客观标准，孩子就会盲目自信，不能将自己摆在合适的位置。孩子可能会因为错误评估自己的能力而受挫，这种受挫如果发生在成年之后，可能出现心理难以承受的情况。

赞扬不是做出来的，是真正地肯定孩子，鼓励和陪伴孩子成长的态度。

为什么会吝于赞扬孩子

会是什么原因让一部分父母吝于夸奖自己的孩子呢?

一部分父母是在“戒骄戒躁”的思路下，不希望过多夸赞孩子，造成孩子骄傲、浮躁，另一部分父母则是在还没建立起孩子的自信前就过多地想到挫折教育。其实骄躁不是夸出来的，是没有标准、没有原则的纵容引起的。如果能客观看待孩子，有标准，该夸时就夸，该说“不”时就说“不”，孩子就同样能学会客观看待自己和他人，就知道自己的优势与不足，也能看到别人的优势与不足，不可能盲目骄傲，自以为是。

如果确实不愿意对孩子夸赞太多，也可以尝试下面的方式。

在我们日常的说话习惯中，常常是先褒后贬“小张这次工作整体完成很不错，但是……”，这里是我们文化中的含蓄起了作用。给别人提意见的时候，通常不开门见山，而是先说些优点再谈重点，可是实际上人们都知道这不是赞扬，知道重点要听“但是”后面的内容。那么，我们在赞扬孩子的时候可以反其道而行之，先说希望孩子提高的期望，再说夸奖赞扬的部分，这就会让孩子感到虽然还有不足，但我们确实是在夸奖，例如“你虽然写了几个错别字，但这篇文章还是写得很精彩，妈妈很欣赏”。

关于挫折教育

至于挫折教育，其实所谓的挫折在生活中无处不在，根本不需要刻意制造。孩子尝试新事物会失败，会做得不够好；玩玩具开心但收拾玩具无聊，选择开心的同时就要忍耐无聊；完成不了作业就要承担被老师批评的后果，完成了作业但时间太晚，第二天早上起不来又要承担上学迟到的后果，新的一天就必须要调整时间安排，重新开始。孩子每时每刻都在经历挫折与顺利，都在学着克服困难，承担责任。

所以，父母要做的是让孩子在生活中多承担，不让“自己的事情自己做”成为空头支票。如果孩子的事都是别人做，还要额外报个挫折教育的夏令营训练能力，还要刻意在生活中吝于赞美孩子，实在有点荒诞。

赞扬与批评并不矛盾，如果父母能在接纳包容的大前提下，适时批评引导，能够客观对待孩子，不走极端，孩子就能学会客观对待自己和自己的生活。

两个孩子怎么赞

对两个孩子切忌褒一个贬一个，哪怕是含沙射影。有时父母并没有在意，有时是太为另一个孩子着急，不由自主就带出了一褒一贬言外之意，这比直接批评还更难令孩子承受。

教育问题很难，因为人心难读，但也很简单，因为我们每个人都曾经年幼，每种感受都曾经历，事件背景不同，但基本感受都类似，如果父母体验孩子如同反思自己，就一定能教育好孩子。

每个孩子都是好孩子。

5 如何对孩子说“不”

孩子需要边界

很多父母都说，养育孩子的过程就是和孩子斗智斗勇的过程，的确，不要低估孩子的能力。

有时我们有可能会被孩子耍得团团转，他可以哭得特别伤心和委屈，但只要心愿一满足就马上破涕为笑，我们简直难以分辨这是他（她）的真情实感，还是控制父母的方法。虽然父母并不是要完全控制孩子，但他（她）毕竟是需要边界的孩子，而这个边界就是父母通过说“不”建立的。

说“不”之前先“倾听”

人与人彼此之间互相施加影响不是轻而易举的事，对孩子说“不”也不例外。这里分享一个方法，当孩子的行为出了格，包括情绪激动的非理智状态下，虽然对孩子说“不”却不会让孩子受伤，这个方法是建立在之前分享的“倾听”基础上的。

当孩子做错了事，有可能此时他（她）的情绪很糟，我们需要走近孩子倾听他(她)，了解情况。当我们蹲下来，平视孩子的眼睛，并让他(她)注意到你的目光时，就是一个好的开始。此时我们要帮助他(她)，而不只是责备他(她)，所以我们要关注的是孩子的感觉，而不是我们自己的。

倾听孩子，了解情况后，再判断孩子是不是真犯了错，而不是早已武断地准备好了一百种惩罚的方法。但此时我们要确保自己能够在理智的、不被自己情绪左右的情况下做出以下判断：

第一，孩子需要的是什么？他(她)在为什么而生气或做出这样的行为？比如孩子画画时突然把笔和本子摔在地上，并且自己委屈地哭起来，我们需要通过倾听了解他(她)在为什么生气，是因为不知道画什么，而爸爸妈妈并没有及时指导，还是因为控制不好笔，总画不成想要的样子而和自己赌气，又或者只是不会用尺子……当然如果他(她)情绪失控，不能倾诉，我们需要的是先停止他(她)的行为。

第二，我们认为他(她)做错了，但我们对他(她)的期待又是不是恰当呢？是不是适合此时这个孩子呢？比如3岁的孩子一刻不停地动作着，又唱又跳，我们很烦躁，但要求3岁的孩子安静待着，这个期待恰当吗？

第三，此时的我们自己是在什么状态下？我们自己心情不好的时候，容易对孩子有高标准的要求，但这其实是我们发泄一下不满情绪的途径。如果觉察到自己的坏情绪，那么此时不适宜对孩子说“不”，哪怕孩子的行为确实需要指正。因为在坏心情下，我们的注意力很可能会在自己的烦恼上，反而难以关注于孩子，这时我们最需要的是调节自己的情绪而不是急于处理孩子的问题。

第四，孩子行为背后的情绪是什么？他（她）是失控的吗？我们要判断孩子的情绪是并不激动，有点情绪失控，还是不顾一切的任性，如果孩子是在失控情况下做出出格的行为，也许他（她）就是在要你的关注。如前的例子，孩子摔笔和本子有些突然而且情绪化，可能就是因为爸爸妈妈没有陪伴他（她）画画，或是发泄遇到困难时的委屈和不满。我们自己情绪失控时是无法再理智思考的，更何况是孩子，所以一定要先释放孩子的情绪。

“倾听”之后如何说“不”

当我们理智地做了以上分析，确定孩子的行为确实“越了界”，那么就要对孩子说“不”。

比如他（她）正在揪妹妹的头发，因为他（她）正在情绪失控的状态下，口头的阻止很可能是无效的，但我们又必须阻止他（她），我们可以一边表达“不可以”，一边坚定地搂住他（她），停止他（她）的行为。但要注意的是，说“不”不是暴力和斥责的，而是温和而坚定的。

说“不”之后再“倾听”

说“不”之后再“倾听”的步骤很关键，一旦我们已经对他(她)说了“不”，就必须再次倾听他(她)的回应，这样才能帮助孩子缓和情绪，让孩子重新感受到父母的关爱。

因为之前，很可能他(她)正在号啕大哭，或者情绪激动，试图挣脱你，但这都是他(她)发泄情绪的方式，我们需要继续坚定但温和地关注他，允许他(她)的宣泄，并告诉他(她)：“妈妈知道你现在心里很不舒服，所以我会陪着你，因为妈妈爱你。”就这样直到孩子平复下来，也许这中间还会有波折，但只要他(她)还在哭，还在发泄情绪，就陪着他(她)，直到他(她)平静下来，等待他(她)的表达，这个过程中不再去问他(她)这个情绪的原因，更不假设是什么。当然这个激烈过程很可能是发生在稍大的孩子身上，越小的孩子越不会积压如此多的情绪，可能早在一开始我们关注他(她)，倾听他(她)时就已经很快安抚了他(她)的情绪，并了解了他(她)的需要。

无论怎样，当这个闹情绪的孩子平静下来后，我们可以给他(她)时间倾诉，如果家有二孩儿，这时我们还需要关注另一个孩子在这场“风暴”中的反应。然后依然是倾听，而不是主观认定闹情绪的孩子会怎样，一味说很多安慰的话。只要孩子感受到我们的关爱，就能慢慢学会处理任何可能的情绪。

或许家长们会觉得这有些复杂，但“简单”往往和“粗暴”连在一起，我们不是为了证明自己的权威，更不是为了否定孩子而“说不”，所以我们必须选择对孩子更有利、更有效的方法，而不仅仅是简单的方法。

6 破解孩子哭泣的秘密

孩子的哭泣总让父母心烦意乱

孩子开始哭泣，全家都跟着心烦意乱，一番软硬兼施、连哄带吓之后，孩子依然在哭，于是我们失去了耐性，恼火、不安、厌倦、愤怒，接着就开始责备、训斥，甚至置之不理或打屁股。我们以为只要止住孩子的哭声麻烦就过去了，但只要仔细观察就会发现情况并非如此，也许孩子安静下来了，但仍然不高兴，这样反复几次，我们会发现孩子经常会情绪低落，或发脾气。

而我们呢，当发现孩子好像经常情绪低落，发脾气，动不动就哭时我们往往不知道原因是什么，孩子越是爱哭，我们就越是怕他（她）哭，越会在孩子哭的时候心烦意乱，在一天的疲惫之后还要不时地应付这个坏脾气的小家伙，耐心一点点被耗尽，好像一切都变得一团糟。

孩子的哭泣是一个秘密

生命本就是一个奇迹，太多秘密难以看透，其实孩子的哭泣也是一个秘密——这是孩子愈合创伤的一种方式! 这里的创伤不是指巨大的伤害, 而是指对孩子来说任何一点的情绪积压或伤害。

首先哭就和笑一样，开心就笑伤心就哭，这就是哭存在的意义。我们会发现人天生就有情绪的调节机制，开心还是伤心都不是常态，就像血压不能太高也不能太低，所以开心时通过笑来释放激越的情绪，哭则是用来释放消极情绪的工具。

如果从这个角度理解了哭的意义，我们就不再会对孩子的哭泣那么心烦和拒绝，无论什么时候，无论是自己还是孩子，如果真的受了伤，哭一会儿也许就能让伤口愈合，至少会觉得好很多。而孩子比我们幸运的是，如今爸爸妈妈知道了这个秘密，他(她)就不用自己独自哭泣，因为爸爸妈妈会陪着他(她)，在他(她)释放情绪、疗愈内心的时候这份陪伴是理解、支持和接纳。对孩子来说，有这样的陪伴，哭泣不仅具有疗愈的作用，之后孩子还会变得更坚强和自信。

让孩子放心地在自己怀里哭一会儿，哪怕时间有点儿长，我们必须相信长时间的哭泣一定意味着孩子确实压抑了需要这么长时间哭泣疗愈的伤心。年龄代表着积累的经验和知识，另一面却是积累的情绪，越是尽量压抑能不哭就不哭的孩子，越需要我们在他(她)情绪爆发的时候给他(她)哭泣的机会。

最后一根稻草的重量

即便如今我们了解了哭泣对孩子的意义，还是会有一些情况下，孩子的哭泣让我们不能理解。孩子会突然因为一个很小的事就大哭不止，我们无法理解，就算他（她）是一个孩子，也不能为了诸如拿给他（她）的饼干不是他（她）要的兔子形状就大哭不止。这算什么创伤，他（她）真的需要这样吗？

事实上，这些所谓的小事往往是令孩子哭泣的最后一根稻草，类似这样的事我们一定都有过经历。有时我们刚和爱人大吵一架，还在气头上，被愤怒充斥着还没有顾上伤心，一边打扫卫生，一边忍不住拿笤帚出气，突然笤帚断了，我们就可能忍不住坐在地上放声大哭“为什么，为什么连笤帚都要和我过不去？”这就是最后一根稻草的重量。对孩子也是一样，越是小事引起的过激哭泣背后越有故事，这个故事我们只有在他（她）情绪释放后才有可能知道，当然，也可能孩子并不会说什么，那么只要让他（她）在我们这里安全地释放就好，是什么也不是那么重要。

孩子总在父母陪伴时找别扭

另一种情况更令父母恼火，有时候孩子总是在父母尽力陪伴他们度过一段快乐时光的时候找别扭，于是父母在一身疲惫下感到心力交瘁，总会有些赌气“你们再这样，以后就不陪你们了”。而且，说实话这样的经历的确会严重打击父母陪伴孩子的积极性，如果陪伴也不能带给孩子快乐，还弄得疲惫不堪，充满挫败，真的没有勇气再次面对。

事实上，此时孩子的闹别扭正是因为得到了陪伴，度过了快乐时光，重新感受到与父母的感情纽带，在安全和亲近的感觉下，孩子更容易感受到之前那么多时间没有得到足够陪伴的缺憾。就如同一直因为忙忙碌碌而冷淡了对方的夫妻在某一天非常亲密愉快地共进晚餐，促膝长谈之后突然有种想哭的感觉，正因为此刻的美好才更为之前的缺憾而伤感。

也许确实陪伴孩子比较少的父母应该在陪伴孩子的特别日子里给自己和孩子预留这样一段时间，当孩子出现这样的情绪时，陪伴哭泣的孩子，化解之前积压在孩子心中的情绪。

确实，陪伴孩子哭泣对父母并不是一件容易的事，好在每次这样成功的陪伴之后，孩子都会发生可喜的变化，他（她）会更热情，更自信，更坚强。

哭一哭，笑一笑，孩子就健康地长大了。

7 给孩子“神奇的拥抱”

与孩子从小到大的拥抱

随着孩子的成长，可能我们已经很少和他（她）亲密相处了，甚至都忘了拥抱他（她）的感觉，满脑子只是学习成绩或者与情感无关的担忧。虽然这一切的出发点都是为了孩子的未来和幸福，可是比起那些遥远又不确定的幸福我们又何必要错过今天可以唾手而得的幸福呢？抚摸他（她）的头，像小时候那样抱抱他（她），听他（她）说点儿傻话是只有在孩子短短的成长期里我们才能够享受到的幸福。

拥抱代表着母子、父子最初的连接方式，拥抱拥有神奇的力量，不管孩子多大，哪怕他（她）已经比我们还高，但他（她）终究还是那个孩子——我们的孩子。一个看似简单的拥抱可以重温温暖的亲情；可以表达理解与支持；可以成为彼此的安全港湾，是的，不要忽视我们可以从孩子那里收获的情感与力量；更神奇的是拥抱可以软化彼此之间的抵抗和防御，当亲子关系有点紧张甚至已经剑拔弩张，父母一次真诚的拥抱，也许就能释放的两颗心的武装。当我们又回到那个亲情的状态，一切事情的沟通都简单了不少，当然也许还是存在意见不合，但那是观点的问题，而不是情感的隔阂。

拥抱的正确打开方式

这个久违的拥抱，必须按正确的方式打开：

第一，放下。在用拥抱化解争端的时候，首先要理解，无论因为什么事让亲子关系紧张，都与我们的亲情无关，把认识上的分歧与情感分开有助于我们放下争执的内容，寻求情感纽带的重新联结。

第二，真诚。再次提到真诚，还是因为只有真诚的情感才动人，才可以化解一切。我们真诚的拥抱只是为了重新联结情感，而后可以与孩子相互更理解，更好地解决认识上的分歧，而不是为了让对方接受自己的意见。如果把拥抱当成工具，失去了真诚，那么伤害会更深，更难弥补。

第三，联结。当我们自己已经做好之前的两项准备后，也不能只是追求完成拥抱的动作，必须用充满诚意，希望放下争端的目光让孩子接收到情感的联结，这样的联结会让拥抱的力量真正深入内心。

事情总有解决的方法，但情感却常常没有归处。相信每个爱孩子的父母都能体会那种不计一切，只是爱他（她）的感觉。此刻放下书就去拥抱孩子吧，只是因为爱他们！

小结：

很多教育的观点都有它自身的道理，简单地对孩子说“不”或是一概接受孩子的一切都走了极端，难免偏颇。教出一个好孩子不易，教出两个好孩子更是难上加难，如果要学那么多知识真的很烧脑，那么更直接却未必更容易的方法就是用“心”，任何理论终究有一定的背景和角度，但爱孩子的心可以兼容所有理论。

CHAPTER

5

大宝小宝相处有道

1 大宝欺负小宝的背后

同胞关系是人生中持续时间最长的重要人际关系之一，尤其在童年时期，同胞关系为儿童提供了与其他同龄人交流的首要机会。同胞关系不仅影响着儿童的自身发展和未来，甚至影响着整个家庭的未来，因此，对同胞之间相处之道的讨论意义重大。

什么是“欺负”

【案例30】

有宝妈咨询，大宝是女孩，三岁半了，总是趁我们不注意欺负小宝。比如拉拉小宝的头发，用手指戳小宝的脸，捏捏或拍拍小宝的肚子，尤其不能忍的是她总是拉小宝的小鸡鸡，为此大人说过很多次了，但是越是不让做什么她就越是要做什么，后来打，但一天下来打了好多次也还是不改。

类似这样的情况在很多两宝家庭都有发生，让父母很头疼。首先，要看看爸爸妈妈认为大宝什么样的举动算是“欺负”，如【案例29】中所说的，大宝的行为可以理解为欺负，也可以理解为好奇，或者喜爱，如果是成年人来看望小宝，也会因为喜欢而摸摸脸，拉拉手，所以这些行为到底是不是真正意义上的“欺负”呢?

什么是“欺负”？

第一，欺负要有一定的主观故意——为了让你难受而攻击你。

第二，欺负有超出正常程度的“伤害”行为——恫吓、胁迫、打击、侮辱等。

第三，行为令被欺负的对象受伤或者感受到身心的不适。

大宝真的“欺负”小宝了吗?

结合这三个特征分析【案例30】中大宝的行为究竟是欺负还是好奇呢? 这还要结合大宝的辨别能力和情绪状态来分析，越是年幼的大宝，越难以准确评估自己的行为后果，也就越难以有欺负的主观故意。也就是说，当孩子还不能评估自己行为的后果，不能体验小宝的感受时，是不可能为了让小宝难受而攻击小宝的。那么具备这种评估能力的年龄是多大呢? 根据皮亚杰的“三山实验”和博克的“农场实验”，3~6岁之间的孩子只部分具备体验他人的能力，仅限于他们非常熟悉的内容，要完全具备这种能力则要到8岁以上。可见，以案例中大宝的年龄，我们可以评估出孩子故意欺负的成分并不大。

在这种情况下再看孩子的行为是否有超出正常程度的伤害，实际上，大多数年龄较小的孩子并不能真正理解弟弟妹妹与玩具娃娃的实质区别。再结合第三条，如果大宝确实有攻击或伤害行为，而且确实让小宝受伤或者感到身心不适，也就是达到了造成实际伤害的程度，这显然是大宝有了不良情绪，也许是愤怒，也许是委屈，他（她）的行为主要是在发泄自己的情绪，或者表达自己的意愿。如果大宝的行为还没有达到伤害小宝的程度，或难以判断是否伤害了小宝，那么更大的可能性就是大宝的行为还是出于好奇，但孩子没有对行为后果的控制力，不能够掌握如何“适当”地使用力量或判断哪些动作可以做而哪些动作不能做。

案例中小姐姐拉头发、戳脸的动作，如果对象是洋娃娃，父母不一定觉得是欺负，如果动作力度过重父母也知道是因为孩子不知道多大力量是合适的。至于拉小鸡鸡的行为，正好结合之前的讲解，孩子在3岁开始对性别第一次产生兴趣，所以女孩会因为不一样而感兴趣，男孩会因为看到和自己一样而感兴趣，其实这种好奇和感兴趣不会持续太长的时间，可能也就是一两天。

为什么“欺负”屡禁不止？

那为什么大宝的这些行为会屡禁不止呢？关键就在这个“禁”字上，爸爸妈妈因为担心伤到小宝，所以肯定是着急的，轻则阻止，让大宝离小宝远点儿，重则训斥，甚至打骂大宝。这时大宝得到的信息就是爸爸妈妈更在乎这个小家伙，于是他（她）不再是简单的好奇，而是要发泄自己的不满情绪，越不让摸越要摸。大宝的这些行为既是对禁止的抗争，更是对爱的争夺，并且越小的孩子越容易形成这样的对峙，稍大的孩子则很可能会将公开的举动变为暗中的行为，就算真的不再采取这样的行为也会因为心中的情绪被压抑而形成对弟弟妹妹的不满，对自己的否定。

大宝另一层潜在的声音也可能是，爸妈都在围着小宝转，也许通过“欺负”小宝的方式，就可以重新得到爸妈的关注，虽然被骂，但至少会被注意。这正是孩子的理解能力和逻辑的反应，而且这也不是孩子“思考”的结果，而只是孩子跟着感觉走而会陷入的行为模式。事实上，成年人也会如此，有一部分人会对自己有好感的人各种看不上，吵吵闹闹，最后反倒成了欢喜冤家，这也成为很多电视剧的经典桥段。最初的吵闹只是为了吸引对方注意或不由自主注意对方的表现，只是自己并没有意识到。

根据孩子的心理特点揣测孩子真正的心态，才有可能终止大宝这些“欺负”小宝的行为。

相信大宝

我们先来做一个情景假设，如果我们带孩子出去玩，或者孩子在幼儿园和其他小朋友一起玩的时候，我们的孩子冲向对方，不知是去攻击还是玩耍，但对方妈妈或老师已经非常警惕地把孩子拦住了，你会怎么和对方妈妈或老师解释呢？大多数妈妈都会说“他是不会打人的，他很善良”，诸如此类。除非有一些孩子确实不止一次攻击别人，妈妈才可能和对方一起倾向于认为孩子是要去攻击对方。

由此可见，被动一方更愿意相信对方的孩子是要攻击，为防万一而做出保护，而主动的一方家庭则更愿意相信自己的孩子是善意的，但事实上父母还真不一定能准确判断孩子这一次是不是会出手攻击。那么这份相信从何而来？是因为孩子一贯的天真、善良，更因为我们爱他(她)，我们会无条件地相信他(她)，相信即使他(她)有攻击行为依然是没有恶意的。说实话，这样的判断是有些“偏心”的！

那么放回到和小宝的互动中呢，是什么让我们不“偏心”了？正是因为两个都是我们的孩子，小宝刚出生不久，我们知道他(她)有多小、多脆弱，而大宝又不大，我们当然怕大宝误伤到小宝。此时扪心自问，我们依然不相信那个平时看见小狗也会大叫“小狗狗，好可爱”的大宝是个故意要伤害小宝的坏孩子，但由于此时我们的心被“对小宝的担心”充斥着，所以我们忽略了这份相信，而这一点点的不信任也会让大宝感受到，哪怕他(她)也不大。

所以，我们可以担心大宝不知轻重，但一定要相信他(她)还是那个单纯善良的宝贝。其实小宝刚出生，最初的相处非常关键，记得“心想事成”吗？只要爸爸妈妈不用不信任的态度对他（她），他（她）就会如爸爸妈妈期待的那样成为好哥哥（姐姐）。

适当引导大宝

小宝刚被抱回家时，大宝很可能像只看见鱼的小猫一样兴奋地凑上来，这时候非常关键，在这最初的几天里，大宝会对小宝非常感兴趣，无论什么年龄和性格，他（她）一定会有所行动，只是具体的行为会有不同。对学龄前的婴幼儿，我们需要注意孩子的动作，但不要马上做出激烈反应，阻止他（她）靠近小宝等等。如果确实担心，由妈妈带着大宝亲近小宝是个不错的选择。如果觉得并没有那么担心，那就放心让他（她）摸摸小宝吧，但是可以用语言引导，比如“小宝，哥哥（姐姐）来和你玩了，他（她）要摸摸你的脸”，然后以小宝的口吻说“哥哥（姐姐），我还很小，你要轻轻摸，不然我会疼的”。这时你会看到，再顽皮的大宝也会非常听话地按照你的指引轻轻地摸小弟弟（妹妹），因为他（她）也不希望小弟弟（妹妹）疼，而且他（她）又在经历对他（她）而言全新的探索，他（她）很愿意妈妈引导他（她），陪伴他（她），就如同玩儿一个新的游戏。

类似这样，既允许了大宝亲近小宝的行为，又和两宝共同营造了和谐的亲子时光，同时也教会了大宝如何和这么小的小宝相处。有了这样一个好的开始，大宝就不会觉得自己被隔离在外，也不会对父母和小宝产生不良情绪，一颗哥哥(姐姐)的爱心就这样开始工作了。

● 适时插播“宝宝出生小课堂”

在照顾小宝的过程中，比如换尿布、喂奶，包括哄小宝睡觉，都可以在和大宝的互动中进行。比如一边做着抚触小宝的动作，一边讲给大宝听要怎么做，或者让大宝也参与其中，让他(她)承担递个尿片、拿个纸巾等力所能及的事，增加他(她)的参与感。更可以时不时插播“小课堂”，“你小的时候也是这样，拉臭臭时妈妈就是这样给你换尿布的”。其实这个工作可以在怀小宝的阶段就开始，孕育的整个过程都不要把大宝隔离在外，让他(她)和妈妈一起体验这个过程，腰酸了可以告诉他(她)，小宝动了可以让他(她)听，小宝出生了更让他(她)参与照顾，并让他(她)似懂非懂地了解到自己也是这样出生并长大的，由此更加加深母子的感情。

如果大宝已经上小学甚至上中学了，还是可以和他(她)进行这样的互动，只是要选择适合他们的年龄特点的形式，要更注重在情感部分，而不是知识，并传达出父母对曾经的他(她)也付出了如现在对小宝这样的真情实感。这样的情感联结有利于补充大宝的安全感，增进大宝与母亲的情感沟通，当然也有利于两个孩子的亲近，一母同胞的感受正是在这样的联结中深入孩子们的内心。

强化大宝的“责任”

用“阳性强化法”在潜移默化中赋予大宝哥哥（姐姐）的责任。阳性强化法应用的是操作性条件反射原理，就是对正确的行为进行及时奖励，对坏的行为予以漠视和淡化，由此促进正确的行为更多出现的方法。也就是说，我们可以通过正向的奖励、赞扬及时对某一行为给予回应，起到强化作用，使此类行为更多出现。

这个方法对于越小的孩子作用越明显，比如孩子第一次学会唱一首儿歌，虽然可能调不对，词也不完全对，但我们依然毫不挑剔地给他（她）鼓掌，并夸他（她）唱得很好，于是孩子唱歌的行为就得到了强化，如此多次，他（她）就会自然地认为这是好的行为，会得到认可，也就愿意学习新的儿歌。对其他方面也是一样，所以当我们希望帮孩子养成一些良好的行为习惯时，比如见面和人打招呼，睡觉前刷牙等都可以用这样的方法，而且会非常有效。其实形成一个好习惯并没有那么困难，可是如果在孩子形成某些习惯之初没能及时引导，一旦坏习惯养成，再去修正难度就大了太多。

那么，怎么把这种方法用在培养大宝的责任感上呢，孩子越小越要少用摆事实、讲道理的教育方式，而是要直接引导孩子做一些具体可行的事，然后再强化这个行为，等孩子形成了对这个行为的认可，把这个行为当作一个习惯时，再适当赋予这样的行为一些意义，或所谓的道理。这样孩子对一些事的价值观和态度也就建立起来了。

举个例子，当最初对大宝的引导奏效后，大宝已经知道要轻轻摸小宝，并且帮助妈妈照顾小宝，那么选择合适的时机，以小宝的口吻说“谢谢哥哥（姐姐），帮我拿尿布，我要快快长大和哥哥（姐姐）一起玩”，用这样的方法强调哥哥（姐姐）的角色，同时表达了小宝对大宝充满了情感，可以赋予大宝身份感，也不会引起大宝的反感。这整个过程就这样自然发生，大宝从中收获了被肯定和尊重的感受。让大宝更多体会到有了小宝的好处，有一个人喜欢他（她）、需要他（她），他（她）就能自然产生照顾小宝的责任感。如果孩子上学了，相对大一些，父母可以直接赞扬“XXX，很有当哥哥（姐姐）的样呀，有了你，妈妈轻松多了”，一方面赋予了大宝哥哥（姐姐）的角色，一方面又增加了大宝与妈妈的情感联结，使大宝更有自我价值感，也更愿意承担这个新角色的责任。

其实如果大宝真的形成了哥哥（姐姐）的角色感，当小宝慢慢懂事时就会感受到这份来自哥哥（姐姐）的照顾，自然会尊重、依赖、依靠大宝，两人的关系自然会向好的方向发展。

“阳性强化法”和“负性强化法”

因为提到了“阳性强化法”，这里也简单介绍一下“负性强化法”，因为这往往会成为教育中的一个误区，好的就鼓励，相信家长都是这样做的，而不好的就批评，家长也同样是这样做的。但根据心理学的原理，批评不会让这个行为减弱，同样也会起到强化的作用，这就是“负性强化法”。比如生活中常见的，有的孩子会咬笔杆、咬指甲、眯眼睛，家长都在强调“怎么说都不听”。其实正是因为一开始孩子就被注意到并以负性的回应进行了强化，最终就形成了连孩子自己也难以控制的行为，尤其是孩子还小的时候，就更不可能有那样的控制力。甚至包括部分口吃也是在不断被禁止中得到强化，最后成为习惯的。

最好的方法是忽略它，当我们首次发现孩子的一个不良行为，不要过分强调，反应激烈，而是先不动声色，继续观察孩子为什么会有这样的行为。一开始孩子往往只是模仿，因为年龄小，其实他(她)并不会太在意，如果家长对此淡化，不给任何回应，再观察几天，孩子的新鲜感过去了，慢慢没有这样的行为了，此时再和孩子讲这种行为爸爸妈妈认为是不对的，为什么等等，甚至最好根本对此不再提起。其实，这种情况在我们成年人身上也适用，如果你对自己说三遍“不要玩手机，不要玩手机，不要玩手机”，此时你脑子只可能是——手机，这就是强化的作用。

但是如果负性的回应超过了一定的度，强度大、痛苦程度深，则确实能够起到抑制这个行为的作用，那是因为这相当于为孩子建立了一个新的条件反射，那就是只要有某个行为，就会有极痛苦的感受，孩子会由于对这种感受的恐惧而不会去重复这种行为。这种方式虽然抑制了不良行为，但孩子经历了痛苦和恐惧，包括在之后的生活中都是很难受的。

那么这种方法什么时候可以用呢？当然是涉及根本性、原则性问题的时候，比如孩子偷拿了别人的东西，尝试了危险的、坚决不被允许的行为。严苛的父母会认为生活中的原则性问题很多，处处都是禁区，于是用各种负性的回应约束孩子的行为，正面来说孩子被要求得越多，形成的标准就越高、越规范，那么孩子就很可能成为社会准则下优异的人，但孩子内心的痛苦与恐惧也会相应多于常人。这也就是大家对当下“虎爸狼妈”式的教育争论不休的核心原因所在。还是那句老话，合适的度只有自己衡量，不约束肯定不行，但约束多少，严苛到什么程度都是自己的选择，只是希望父母明白，一定要了解自己的选择对孩子的全部影响，单独强调孩子的感受，或者单独强调高标准严要求的优秀都是片面的。

大宝真的欺负小宝了

如果已经过了最关键的初期，小宝已经有几岁了，换句话说如果在最初所谓“欺负”小宝的行为中大宝没有得到很好的回应，可能这种“欺负”就会变成真正的欺负并且持续发生，直到大宝自己放弃。而放弃的原因或许是他(她)足够大，已经不屑这些行为了，但他(她)心里依然会有对弟弟妹妹的“敌意”，或者对父母的怨气，只是因为思维的成熟使他(她)不再有表面化的表示，可是情绪却不会自己得到舒解。也有可能是大宝只是放弃了与弟弟妹妹较劲，但这是更不好的局面，因为较劲是争夺，如果放弃争夺，就可能意味着冷淡了关系。

当然也不必太悲观，就算父母没能在第一时刻正确解读大宝，但任何时候重新联结起与大宝的感情纽带，都可能化解大宝的情绪。即使如今才体会到可能当时误读了大宝，也还是有机会弥补的，因为孩子永远都在等待父母的认可与接纳。适时的表达，或者什么也不说，只是一个拥抱就可以化解很多，没有谁可以阻隔亲情，只有我们自己而已。

2 大宝小宝在抢玩具中成长

抢玩具本身就是个游戏

幼儿园小班是孩子抢玩具的高发时段，多数孩子或者抢别人的玩具，或者被别人抢玩具。实际上这个阶段早在孩子两岁左右甚至更早就已经开始，但那时孩子没上幼儿园，没机会和别人抢，所以这个问题不是特别明显。

【案例31】妈妈A

我儿子现在23个月，还不太会表达，跟别的小朋友一起玩的时候，总喜欢抢别人的玩具，但抢到了他也不怎么玩，很快就丢一边了，弄得别的小朋友很不开心，我该怎么办好呢？

【案例32】妈妈B

我家孩子和朋友家孩子经常一起玩，两个孩子抢玩具，那个孩子很强势不肯分享玩具，我该怎么教育自己的孩子，难道让他一直谦让吗？

抢玩具的孩子妈妈和被抢玩具的孩子妈妈都挺烦恼，那我们就首先看看孩子抢玩具这个行为代表着什么。孩子刚开始具备抢玩具的能力时还没有清晰的“你与我”的概念，更不可能有“你的”和“我的”这个界线，此时他(她)要拿任何玩具都是因为自己喜欢。并且，这时他(她)也没有体验别人感受的能力，他(她)的行为是不是让别的小朋友感到不开心，根本不是他(她)能感受的，更不可能在他(她)的考虑范围内。

与此同时，玩玩具本身对他(她)也还有点难度，可以说一切皆是玩具，又可以说孩子没法按成人玩玩具的规则和要求去玩，他(她)之所以要抢，只是因为别人拿着的玩具更能够引起他(她)的注意，而不是他(她)真对玩具本身更感兴趣。可以说，抢玩具这个行为本身就是他(她)的游戏，这也就是【案例31】中妈妈发现的问题。现在，我们理解了孩子的心理状态，就不会如案例中的妈妈隐隐有内疚和担忧了。

对孩子的行为如何引导还在其次，关键是如何理解和看待，因为理解才可以接纳，也才谈得到合适的回应。

为孩子树立道德标准的好时机

孩子慢慢长大，到3岁左右时基本就能理解哪个是自己的玩具，哪个是其他小朋友的玩具，但对于我的玩具是不是要分享，别人的是不是不可以要还不清晰，这时孩子再抢玩具就有了捍卫主权的意思，主动去抢别人玩具的孩子更可能是攻击性表达的需要。前面介绍过，这个年龄段孩子的内心冲突是“主动”与“内疚”，所以他（她）需要类似抢玩具这样的攻击性行为实现内心“主动性”的需要。这时，我们的回应将影响他（她）道德标准的建立，以及羞耻心的建立。

我们正好可以借此时机向孩子传递最初的道德标准。相信不同家庭的标准不尽相同，虽然大家都认可在保证自己主权的基础上多分享的理念，但分享尺度是因人而异的。对此不必强求，完全可以依照自己的尺度去引导自己的孩子。但一定要考虑到孩子将来要依靠这些我们为他（她）建立的标准适应社会，所以不要离社会的基本要求太远。需要强调的是，如果以过高的道德标准要求孩子，则会形成孩子内心过高的“羞怯”和“内疚”，可能会导致孩子向自卑和“低自尊”的方向发展；如果过分放纵，一味支持不加阻拦，以为孩子长大就会懂事，则可能形成孩子任性，不清晰与他人交际边界的倾向，影响孩子将来的人际交往能力。

所以，这时回应孩子的原则是对孩子的主动性给予肯定，但要告诉并要求孩子必须在一定的规则下实现自己的主动性。如“宝贝，妈妈知道你想要那个玩具，但是它是小朋友的，我们需要问问小朋友愿不愿意把玩具借给你”，大多数这个年龄段的孩子是可以接受并按妈妈的要求去征求对方同意的。如果对方不同意，有可能孩子会难过或生气，我们需要安慰他（她），表示理解孩子的难过，让他（她）发泄情绪，并在他（她）平复后慢慢告诉他（她），因为是别人的玩具，所以小朋友可以不同意，就如同他 (她) 也可以不同意把自己的玩具给别人。这样就是在保护孩子的前提下，帮他 (她) 形成了边界。

分享不以牺牲为前提

对于【案例32】中妈妈的疑问，我们要明确的是，分享是美德，但不能以牺牲孩子的基本需要为前提，也就是说要尊重孩子自己的意愿，允许孩子不同意分享。妈妈们可以尝试一下这个思路，非常有趣的是，当我们尊重到他 (她) 的主权后，很多孩子反倒愿意分享了。其实这种心态成年人完全可以体会，如果单位有同事想占你的名额，虽然是原本你并不想要的一个名额，但如果对方未经你的许可获得，你就会心生气愤，不愿让出；但如果对方在意你的感受，询问你的意见，你就很可能让出，并反过来安慰对方“没事，你去吧，反正我也去不了”。

所以，对于这一问题，回应孩子的基本原则是，在保护孩子基本需求的前提下，再加入道德教育。道德教育是一个长期影响的过程，孩子天生性格各自不同，不必要用我们多年才建立起的成人的道德标准来衡量孩子现在的行为，只要给孩子时间，慢慢言传身教，他们都可以成为符合标准的好孩子。

自家两宝抢玩具

同一家庭中的两个孩子，尤其是年龄相差不多的孩子之间抢玩具的事肯定也会发生，哪怕相差五六岁的两个孩子都有可能因为抢东西而“战斗”。年幼孩子的心理我们已经分析了，那大宝呢，为什么不谦让了呢？其实，有时候就是因为父母过多强调大宝应该谦让，让孩子产生了不被尊重的感觉。和之前描述的一样，一个人在任何年龄受到基本的尊重都很重要，一味地强调他(她)是哥哥(姐姐)而必须谦让，难免会引起反作用。当然，也有可能小宝要抢的东西的确对哥哥(姐姐)很重要，平时一直比较让着弟弟(妹妹)的大宝突然有一天不让了，父母还是要敏感地注重这种变化，不要简单指责，而是寻找事件的真实一面，寻找到大宝态度的真正原因再给出回应。

如果两个孩子相差不多这类问题的出现会更频繁，如果是双胞胎可就更热闹了，争端可能呈现的状态肯定千差万别，父母的基本原则是先了解两个孩子各自的需要是什么，在保护他们基本需要的基础上为孩子之间确定清晰的行为和关系标准，类似于家规，让孩子有章可循，不至于无所适从。当然，过程中允许他们各自情绪的释放，之后再摆事实讲道理。只要孩子永远可以在父母这里释放自己的情绪，他(她)就永远会感到安全。

研究这个主题时，我们看到有兄弟姐妹的孩子可以在成长的关键阶段经历这些“冲突”，并有机会在“冲突”中得到成长。试想，很多孩子们之间的竞争、矛盾是不太可能在孩子与父母之间发生的，这就让有些问题不能及时得以呈现。问题并不可怕，每次问题的发生其实也是解决的契机，父母不要因为自己对矛盾冲突的恐惧或拒绝而将情绪转嫁在处理孩子之间的矛盾或争执上。

3 妈妈给得了“公平”的爱吗?

公平本就是在“比较”的基础上产生的，只有一个孩子时，公平的问题不突出，小宝的到来给了父母一次体验“公平”付出的机会，虽然也许有父母不一定意识到“公平”对孩子的意义，但我们还是相信绝大多数父母都希望给予孩子“公平”的爱。

“相对公平”和“绝对公平”

公平真的是每个人的内心渴望吗？答案是否定的，我们真正渴望的是受到更多一点关注，更多一点照顾，但现实中很难实现，不仅如此，我们还可能成为不被关注的那一个，所以退而求其次，我们开始希望每个人都得到平等的权利，获得公平的对待。

这是社会发展的结果，也是人类文明的进步。然而“绝对公平”却只是一个美好的理想，一方面如男女平等一样，不尊重现实差异性的平等并不是真正的平等，另一方面我们也不得不尊重心存公平之心，但主观认识有差别的人们会以不同的标准实现自己心中的公平。

其实妈妈给不了孩子们“绝对公平”

有的妈妈会用完全平均的方式给两个孩子分配，买礼物是一人一个，分享食物是一人一份，看上去绝对公平了，但小宝和大宝年龄不同，一样的礼物可能只适应其中一个的需要，一样多的食物对小宝可能太多，而大宝则可能不够，这么分析似乎又不公平了。

面对两个孩子，如前文所讲，还是要注重孩子的不同特点，如果父母用绝对平等的方式对待，孩子不能感受到父母了解自己的不同，会不会反而感觉被忽视？

其实即便是这样的“绝对公平”父母也不容易做到。一个能说会道的孩子，总是能讨得家人欢心，一个沉默寡言，甚至还有些倔脾气，父母不由自主心就偏向了“小棉袄”；一个品学兼优，总是让父母特别有面子，一个就平淡无奇，父母又不由自主就偏向了“学霸”；一个孩子长得特别像自己，一个就不那么像，父母的心再次不由自主跑偏了。我们必须承认虽然孩子都是父母的孩子，但父母会从自己的内心出发感到两个孩子的不同，“不由自主”给出不同的反应也是正常的事。

所以于情于理，妈妈都给不了孩子“绝对公平”的爱！

多多思考“相对公平”

理解到上述的观点后，作为父母或许就应该放下追求绝对公平的不合理信念，而要在“相对公平”上多思考。

如何做到相对公平，也要根据不同的问题有不同的处理方式。比如物质上的满足，可以在尊重孩子个别差异的基础上给予孩子相对公平的满足，买礼物，可以根据孩子的需要、喜好买不同的礼物，但不要在价值上差别太大，尤其是当孩子能够明白价值的时候。这个问题上我们也可以将心比心，假如我们收到了礼物，即便是我们一直都想要的，可是如果同时别人收到的是明显贵重的东西，我们还是会觉得送礼物的人有可能是以我们喜欢为理由，其实是舍不得送我们贵重的。对于孩子，我们不能有不恰当的期待，认为他们可以那么理性地理解和处理问题。再比如分食物，在家庭条件允许的情况下，可以让孩子自己选择吃多少，不必出面分配，但如果确实条件有限，也可以以平均的方式分给孩子，这样孩子也容易理解为公平。

尝试让孩子自己把握公平

其实我们如果一直能够坚持信任孩子的态度，完全可以尝试把分配的权利交给孩子们自己，这样避免了孩子对父母分配不公的感觉，又给了孩子自己处理两人之间关系的机会。

在我们信任他们都是好孩子的前提下，我们会发现大宝会懂得适当让着小宝，小宝也会学习着和哥哥（姐姐）分享。在小宝也到了两三岁以上的时候，即使他们发生了争吵或冲突也没关系，没有争执就不知道忍让，孩子们也就无法找到两人都能接受的合适的关系边界。

如果两个孩子年龄差距不大且年龄尚小，父母可以适当帮助，给他们建议，再让他们自己决定。如果差几岁，大宝会有优势，也会掌握主动权，父母只需要观察大宝会如何行使他（她）的优势，如果他（她）已经主动对小宝有谦让的行为，我们就及时给予肯定和赞扬，这样既让大宝感觉到自己的谦让得到了父母的认可，也让小宝能够知道哥哥（姐姐）在让着自己，而心生好感，不然也许小宝会因为年龄小而体会不到哥哥（姐姐）的照顾。但是如果大宝利用自己的优势表现出了明显的不公正，那我们要对大宝说“不”，关于如何说“不”之前有详细介绍，这里强调的是，不必直接拆穿大宝，更不要斥责，既然给了孩子自己分配的权利，就要允许他们以任何形式分配，但要在小宝不在的时候，向大宝表达父母“不支持”他（她）这样的行为，并接纳他（她）的情绪。

物质之外的“公平”态度

物质给予以外，对待其他各种行为的态度同样很重要。比如孩子做同样的事我们是否以同样的标准衡量对错，虽然有时我们要考虑到孩子的年龄等因素而标准有所不同，但基本的判断应该是一样的。例如两个孩子都打破了碗，可能小宝因为年龄小不会被责备，但还是要通过不让小宝再乱动桌上的物品等行为向小宝表示父母的态度，并且可以适当告诉大宝为什么小宝没有被责备。这都是为了让大宝感觉到父母判断对错的标准是一致的，而不是只针对他（她）。当父母也犯了同样的错时候，也可以通过表示歉意的方式说明我们依然是在用同样的标准判断，这样既可以让孩子们明确是非的基本标准，又可以让孩子感受到公平的对待。

当两个孩子做了同样正确的行为也要这样处理，同样帮妈妈打扫了卫生，对姐姐轻描淡写，对弟弟就夸上了天，显然是不对的，此类的区别对待都会让孩子感到极不公平。

此外，在对孩子表达爱或给予爱与关怀的时候不要忽视任何一个孩子。之前也提到有时父母会不由自主地把心偏向一个孩子，但作为父母，我们是成年人，必须背负更多的责任，如果现在已经意识到很可能自己的心正在偏向那个更符合自己要求的孩子，那就应注意去弥补另一个孩子。父母对孩子的肯定永远不嫌晚，父母也不要低估了自己的肯定对孩子的意义。

一碗水能否端平，其核心还是态度。从这个角度来说，我们不得不面对的现实是，的确有一部分父母是真正意义上“偏心”的父母。比如有严重“重男轻女”观念的父母，或是自身就行为标准不一、边界不清的父母等。虽然从心理学的角度能够理解任何一类人都有他们行为的心理原因，但对于孩子，确实无可避免地会因为这种偏颇的爱而受伤。

作为父母，作为我们这些并没有故意区别对待，还是希望给孩子公平爱的父母，多一些对自己态度和方式的觉察，至少尽力给孩子“相对公平”的爱，这也是我们为人父母应尽的责任。

“感受到的公平”与“感受到的不公平”

这里强调的“感受”是“孩子的感受”。有句人们常说的话是“我都是为你好”，但实际上每个人所谓的“好”都是以自己的标准为标准，从自身出发的“好”。我们也绝对相信父母为孩子好绝对真心实意，但这里要带大家一起体验一下孩子的感受。

【案例33】五年级小学生作文（网络）

偏心，几乎家家都有，我家也有偏心，但是，这偏心里，含着浓浓的爱。

我6岁那年，妈妈生下了妹妹，从此，妈妈把一份爱平均分成了两份。而我7岁那年，妈妈又生下了弟弟，但妈妈只给了我一点爱。有一次，妈妈买回了一些小蛋糕，弟弟和妹妹吃完后，就嫁祸给我，妈妈不分青红皂白就把我骂了一顿。每次吃饭，妈妈就让我吃一大堆不好吃的蔬菜，虽然难吃，但是我的体质增加了不少。晚上，她让我一个人睡觉，虽然孤独，但是我学会了独立。

妈妈虽然偏心，但是把爱都给了我。我好幸福。

孩子的感觉矛盾吗?

不知大家看了这篇小学五年级孩子的作文有何体会。孩子一会儿感觉到父母偏心，一会儿又感觉到“浓浓的爱”，一会儿说“只给了我一点爱”，一会儿又说“妈妈虽然偏心，但把爱都给了我”，这明显的矛盾不是孩子的语言表达问题，而是孩子内心的真实反应。五年级的孩子即将进入青春期，正在为自己的同一性做最后的准备，原本就可能充满着对自己和这个世界的诸多矛盾，而在父母对待自己与弟弟的态度上，更让她迷惑与矛盾。

一方面孩子明显感到了偏心的存在，从“我6岁那年，妈妈生下了妹妹，从此，妈妈把一份爱平均分成了两份。而我7岁那年，妈妈又生下了弟弟，但妈妈只给了我一点爱”这句可以看出，在孩子心里，妈妈对待自己和妹妹是一样的，平均分了爱，而对待弟弟则明显不同了，说明孩子能够觉察爱的细微差别。另一方面孩子并不愿意面对这些差别的背后也许是妈妈不爱或少爱自己了，所以最后孩子还是要说得到了妈妈全部的爱，好幸福。

是孩子误解了吗?

对妈妈的不公平，小作者举了三个例子，都很能说明问题，我们可以分别解读一下。

第一件事是被冤枉。弟弟妹妹年龄小，冤枉姐姐的恶意并没有那么大，但妈妈简单粗暴，忽略了我们一再强调的要先了解事情的真实情况和孩子的真实需要及情绪，于是孩子感受到了不公平和委屈。虽然我们可以公道地说在这件事上妈妈虽然处理不当，但并没有偏心的意思，但我们的公道没有意义，孩子的感受才是真实的。

第二件事是吃蔬菜。很明显这是家家都在上演的戏码，妈妈要求孩子吃菜无疑是爱的表现，小作者也没有表达这件事与弟弟妹妹的关系，我们无法判断妈妈是否有不妥。但孩子把这当作一个偏心的佐证，说明孩子在并不了解妈妈好意的前提下很可能误解了妈妈，也许弟弟妹妹年龄小，妈妈并没有要求他们吃蔬菜，孩子就把这当作妈妈区别对待的偏心行为。这无疑要提醒父母们，如果我们真的偏心被孩子报怨也就罢了，但最好避免因误解而伤害孩子，又影响母子之情。所以在多子女家庭中，任何对孩子的区别对待，我们都是有必要说明的，并且需要多留意孩子的感受和情绪。

第三件事是分床睡。这和第二件事类似，父母都希望孩子大了分床睡，可没想到孩子却也把这当成了妈妈偏心的证据。当两个或三个孩子年龄相差较多时，如文中差了六七岁，孩子们的基本生活状态已不一样，一个到了学龄期，另一个还是婴儿，所以肯定有很多事不能一样对待，父母也想当然地认为哥哥（姐姐）大弟弟（妹妹）这么多，当然应该让着小的，或者当然应该接受区别对待。可是，这对孩子造成的影响是由孩子自己的感受产生的，不是由父母的出发点决定的。

要让孩子感受到公平

所以这里我们强调“孩子的感受”，因此也就强调父母在有了小宝后，更要敏感体察孩子。

同时可以有这样一个方式：在要求大宝做任何事时，如果小宝不需要做，都可以适当说明“如果你像小宝这么小就可以不做，但你现在X岁了，等小宝到你这么大时也要做”。这类的说明有点像自言自语，但孩子会由此对区别对待有所理解。同时也要多把握时机给大宝特权的感受，比如去游乐场，大宝可以玩的项目小宝不可以玩，这时也要及时说明“看，还是大宝好，X岁了都可以玩XX了，小宝太小了就不能玩，走吧，我们带小宝玩小朋友的游戏去吧”，这样大宝和小宝都因为有游戏可玩并不会有太大情绪，但又会形成各自不同的感受。尤其是大宝，也能够慢慢意识到作为哥哥姐姐，虽然要谦让，有很多小宝不必完成的学习任务，但原来也有弟弟（妹妹）享受不到的特权。

孩子的误解并不难解，只是要注意我们有没有及时发现孩子产生了误解。案例中的小作者自己不是已经在帮妈妈解释了吗？但孩子的解释毕竟有些牵强，如果这种偏心的误解一直留在孩子心中，就会渐渐影响孩子和父母的关系，也会让孩子心存不良情绪的种子，如果妈妈及时发现，适当解释和安慰那就将是另一种结局了。

尝试一些“不公平”

并不是不能让孩子感受到委屈，不能让孩子产生不良情绪，每个人的人生道路上都会有各种可能的不顺利，也都可能有被冤枉、受挫折的情况发生。但一定不要让挫折和不良情绪占了多数，并且要有面对挫折的方法，解决问题的能力，而不要对每次的不良情绪都只是压抑，而不及时处理。事实上，我们有些成年人不会处理自己情绪的原因也是小时候没有习得这部分能力。

父母尽量给孩子“相对公平的爱”是家庭中所有关系和谐的保障，在这个基础上父母其实是可以尝试给孩子一些“不公平的爱”。之前介绍过每天抽出一段固定时间陪伴大宝的方法，这是个相当好的联结亲子感情纽带的方式，每天都有完全属于他（她）的爸爸妈妈，哪怕只是这一小段时间，这就相当于“不公平的爱”。在小宝慢慢长大后，也可以同样让小宝拥有这样的特别时间，满足孩子们内心更真实的渴望——我是被特别关注的，我是不一样的。因为有这样特别时间的情感支持，孩子就可以面对更多的可能遇到的情况，哪怕有可能是不愉快的状况。

营造一个“相对公平”的大环境，同时给每个孩子一点“特别的”爱，他们就会幸福相处，会回报给我们“浓浓的爱”。

4 不同年龄差的不同侧重点

形成最初的良好互动

家中两个孩子的年龄差的不同使孩子的相处之道有不同的特点。在遵循孩子不同年龄段身心发展规律的前提下，化解孩子之间的冲突，积累孩子相处的情感是父母在两个孩子的成长中需要练的“武功”，有点像太极的感觉。

还要注意的是，人际关系中最重要的是最初的相处，一旦在最初的相处中形成良好的互动关系和情感，就会有良性的发展趋势。所以在两个孩子的养育中，要特别在小宝出生的最初几年里多用些心思，使两个孩子形成良好的互动模式，建立合作互助的情感，之后的同胞关系就不是那么困难的问题了。

两个孩子相差两岁以内

两个孩子相差在两岁以内对妈妈的要求相对更高，因为在孩子三岁，尤其是两岁之前，孩子的重要甚至是唯一的“客体”就是妈妈。如果这个重要阶段是由其他抚养人照顾的，则其他抚养人会充当这个角色，但实质上也只是妈妈的替代，这个抚养人对孩子的意义还是占据着妈妈的位置。而当两个孩子都处在这个阶段，且妈妈又刚经历过生产，还在身体恢复期时，难免顾此失彼，难以给孩子在这个年龄段需要的充分的回应。

所以，建议最好有人能够协助照顾两个孩子，而妈妈也要注意尽量在小宝睡觉的时候多陪伴大宝。尤其是一岁半到两岁的大宝，需要在探索后回到妈妈身边，希望母亲能够分享他（她）每一个新获得的技能和体验。孩子将会不断地带一些东西给母亲并将物品让母亲拿在手中。重要的是孩子需要与母亲在情感上与他（她）一起分享，离开妈妈的怀抱去拿想要的东西或其他自己主动的行为，给孩子带来了自主性的快乐，使孩子发现自己也可以让自己的愿望得到满足，但当妈妈真正离开他（她）时，他（她）却会感到分离的痛苦。这个阶段过去后，直到三岁左右，孩子对母亲的相对稳定的依恋关系才形成，可以上幼儿园了，较长时间离开妈妈也不至于造成伤害。而这时小宝正好也将进入这个阶段，妈妈又需要更多配合小宝的成长需要，给小宝适时的回应。

相差在两岁以内的孩子基本在相近的发展阶段，在相处时更容易发生碰撞，孩子的比较心理也更强，这也就对父母营造公平成长环境的要求更高。但相对的，年龄相近的孩子更容易一起玩，不会因年龄差太大而缺少共同兴趣。通过游戏的方式让孩子学会相处是非常好的选择，对小孩子而言生活中无处不是游戏，父母“脑洞大开”随时可以就地取材就和孩子玩在一起。等到孩子长大一些，父母反而更轻松了，因为孩子们自己就可以一起玩了。

两个孩子相差四五岁

这个年龄差最适宜夫妻二人配合带孩子，大宝四、五岁已经度过了极度需要妈妈并且只需要妈妈的阶段，来到了需要妈妈和爸爸同在的时期，尤其是刚刚相对脱离了妈妈怀抱的孩子，正处在非常粘爸爸的阶段（当然除非爸爸不参与到孩子的陪伴中来，但这是被迫的不亲近）。这样，妈妈在照顾小宝的时候，爸爸可以和大宝一起玩，伴随小宝长大，逐渐增加全家人在一起的活动时间和内容。

四五岁的年龄差在孩子身上是很明显的，这种情况下最好把大宝树立成小宝的榜样，形成大宝是值得信赖的兄姐的形象，如此有助于两个孩子形成良好的互动与跟随。更重要的是，要增加两个孩子相处的机会，这样的相处多了，孩子们就会有共同语言和共同的兴趣。相反，对本来就处在不同年龄段的两个孩子，如果家长不为他们创造更多的相处机会，孩子之间的感情不免较淡。

两个孩子相差十岁

孩子在任何时候都需要得到父母的关注，不能因为大宝已经十岁左右了，就想当然觉得大宝应该理解爸爸妈妈要多照顾小宝的需要。十年来家里都只有大宝一个孩子，突然的冷落，还被要求处处谦让，就算大宝已经明白很多道理了，但道理并不能替代情感上的失落和变化带来的冲击。还是拿成人的体验为例，如果你是个专业技术人员，在单位的岗位很独特，只有你一个人负责一部分特别的工作，并这样持续了十年，还受到领导同事的特别对待。但公司新进了一名可以替代你的技术人员，当然你能理解，甚至理性思考下还觉得公司发展了对员工是好事。可是，其实你还是难免会有失落，因为自己不再是特别的那一个了，而且新人就算不至于和你形成竞争关系，但多少还是会形成比较，也难免有压力。但这个阶段总会过去，任何变化都会被适应，只是在最初的适应中是两人配合的部分多还是竞争的部分多而已。回到家中的两宝，尤其是大宝已经快进入青春期，同样的事件对孩子内心的冲击会比平时强烈很多倍，即使没有二宝，他（她）也可能在这个时期与父母发生冲突，若再叠加负面情绪更不利于大宝顺利度过这个重要时期。

如果能够理解孩子此时的真实感受和矛盾心态，孩子就会更好适应这样的家庭变化。所以在小宝到来的最初的几年，需要让大宝更多体会到有个弟弟（妹妹）的幸福一面，而不是过多要求他（她）的谦让和改变。年龄相差在十岁左右，甚至更大，真的很难刻意让两个孩子玩到一起，但可以多创造全家参与的活动，以家庭为单位形成两个孩子的家族感。有意无意让大宝帮助照顾小宝，并及时给予赞扬和鼓励，此时的赞扬要强调把大宝当成“大人”，效果会比较好。

大部分父母都会期待两个孩子形成深厚的手足感情，将来相互照顾，但理解和尊重两个孩子的感情需要是前提，有时用我们的期待刻意要求反倒会起反效果。

5 如何教会孩子分享

孩子不愿分享有原因

“送人玫瑰，手留余香”，快乐可以在分享中加倍，悲伤却能在分享中减半。懂得分享的人才能够体会分享的快乐，每位父母都乐于看到两个孩子相互分享，但每对兄弟姐妹在学会分享之前一定都曾经拒绝分享。

【案例34】

5岁的妮妮总爱说“不”，尤其是爸爸妈妈要把她的玩具或者食物分享给其他小朋友的时候，这让爸爸妈妈很无奈，各种思想教育好像都没什么效果，原以为长大点就好了，但一直没什么变化。现在家里有了二宝，爸爸妈妈更担心两个孩子以后相处会受到影响。

【案例35】

凯子11岁，是爸妈眼中的好孩子，老师眼中的好学生，和同学关系也还不错。有一天凯子对妈妈说：“妈妈，我最近心情总不好，可以和你说说吗？我总是不愿意把我的东西借给同学，也不知道是为什么，好像是怕他们不还给我，或者弄坏了。又好像是害怕他们借了我的笔记本会抄我的心得然后学习超过我。”听到这个问题，妈妈有点犯难，一时不知道该怎么回应孩子了。

分享有很多种，但在通常情况下被当作美德的分享其实在某种程度上代表着一份隐忍与付出，有时分享与谦让有着异曲同工之“美”。随着社会文明的进步，人们更愿意接受人性中不一定那么“美”的那部分，于是分享也变得更人性化。同时，随着社会经济的发展，物资也不再那么缺乏，现在的分享不再过分强调一边牺牲一边付出，而转变成了更尊重个人意愿的共享。

认为不愿意分享是孩子的“以自我为中心”，或者上升到了“自私”的高度仅是表面化的理解，其实不愿意分享有很多背后的原因。

孩子的物品孩子能做主吗？

我们一直在弘扬的分享带来的最美的感受是主动分享后收获的价值感——我是被别人需要的，我是慷慨的，我是好孩子……所以首先分享的一定要是我们自己的东西，是我们自己可以做主的东西。

【案例34】中爸爸妈妈要孩子将东西分享给别的小朋友，还说是妮妮分享的，但孩子并不会收获分享的快乐，因为孩子没有感受到可以对自己的物品做主。如果爱人没有经过你的同意就要把你的物品送人，或者借给别人，哪怕是捐给希望工程，献爱心，你也不会有分享的快乐，只有不被尊重的感受，同理，案例中的孩子也只有被抢走玩具的感受。

如果我们充分信任孩子，尊重孩子，让孩子可以对他(她)自己的物品做主，这样孩子才能有机会享受自己分享玩具后的快乐感觉。也许他(她)一开始会拒绝分享，但当他(她)真正拥有支配物品的权利时，他(她)才有可能做出分享的决定。所以两个孩子，不管大的还是小的，都要拥有专属于他们自己的东西，并且他们可以做主。大宝不必因为“谦让”而失去这份权利，小宝也不必因为“听话”而失去这份权利。

同时，爸爸妈妈也需要有自己的权利空间，相互尊重，孩子才会有样学样。对于不专属于任何人的物品，可以制订简单的家庭规则，共同遵守，有助于平息争执，促进分享。

● 孩子的“物资”足够吗?

在某种意义上，人一生都是“以自我为中心”的，如果自己都没有的时候还要谈分享就不只是“谦让”，而可以说是“牺牲”了，所以物资的匮乏是一个影响分享的重要因素。有调查显示，农村多子女家庭的同胞亲密度低于城市多子女家庭，其中一个主要的原因就是农村家庭经济相对拮据，物资相对缺乏，同胞之间的竞争相对较大。

家庭条件导致物资匮乏之外，还有一种“缺”是以孩子的标准来衡量的“缺”，比如妈妈每天都买巧克力，偶尔买和几乎不买，就造成孩子心中对于“巧克力”这样食品的匮乏程度不同。出于对孩子健康成长的考虑，大多数家庭并不愿意孩子吃太多零食，那么相对于在这方面放得宽一些的家庭，被严格管制的孩子内心对零食的匮乏感自然就更强。

对于孩子不常能拥有的东西，或者特别“中意”的东西，分享当然就更难。再举个例子，如果妈妈工作很忙，不常陪孩子，那么妈妈的陪伴，甚至妈妈的爱就是那个匮乏的资源。

孩子有过“快乐分享”的经验吗？

我们总说人生的第一次很重要，因为第一次将建立我们对某件事最初的认识。孩子从最早的分享经历中得到了什么样的回应，就可能是孩子愿意分享或不愿意分享的原因。

前面提到过“阳性强化”，如果孩子最初的分享得到了积极的回应，往往就会强化这个行为；如果被忽略、淡化，甚至漠视，则孩子有可能对分享这件事没什么特别的印象；如果得到的不止漠视，甚至有一些负面的感受，比如分享给哥哥（姐姐）后，自己的“糖”少了，却没有得到哥哥（姐姐）任何回馈，也没有得到爸爸妈妈的赞扬或肯定，有点像成年人说的

“何必呢”？于是孩子形成了何必要分享的感受。

当然还有可能是其他的事件或感受，总之在孩子最初的分享经验中，我们及时给孩子的积极回应会成为孩子愿意继续分享的重要动力。

“狼来了”

“狼来了”是人人皆知的关于“撒谎”的故事，然而成年人却还是经常对孩子上演“狼来了”的戏码。因为孩子的天真可爱，很多成年人都愿意“逗”孩子，之前已经提到正因为孩子是“真诚”的，他们信任每个人，所以这种“逗”很多时候都在伤害孩子。特别是在分享的问题上，孩子的行为常常都是爸爸妈妈自己“逗”的结果。正因为我们希望孩子能够分享，所以我们会故意问孩子“能不能给爸爸吃一个？”但当孩子给的时候，爸爸就会满意地说“爸爸不吃，你吃吧”，在这样的互动中，孩子是困惑的，到底爸爸是要还是不要？有几次这样的互动后，孩子“明白”了，他们都不是真的要，所以分享只是个“谎言”。

这时就看出二宝对于大宝来说多么有意义，他(她)会真诚地希望哥哥(姐姐)分享给他好玩的玩具、好吃的食物，而且会在收到分享的时候真正开心、接受，并回馈给哥哥(姐姐)真诚的感谢。

所以如果父母要“试探”孩子会不会分享，就在孩子分享给你的时候，接受并表示感谢，让孩子感受到分享的快乐。

从小培养分享的习惯

其他不愿意分享的原因还很多，比如【案例35】中孩子不愿意借东西给同学的原因是担心同学不还或者弄坏，表现出一定的人际关系信任的问题，而害怕被抄笔记或者学习被超越，又有些自卑的倾向。

当然还有很多更复杂的可能性，越是大一些的孩子，不愿意分享的原因就越复杂，如果要培养分享的习惯，还是要从小就开始。

形成分享的氛围

两到三岁是孩子刚刚形成自我意识的阶段，这个时期的孩子常说“不”，也更愿意维护自己的主权。其实在孩子两岁前，关于分享的影响就已经开始，家庭里要形成分享的氛围，任何东西都要全家人共同分享。如今一般家庭的经济情况都不错，早已不至于什么东西只有孩子才可以拥有，全家共同分享，有利于孩子把自己放在平常的位置，而不会觉得唯我独尊；同时，分享成为家庭常态，孩子自然会模仿；并且，全家共同分享，不会让孩子有被分享的丧失感，反而有分到了自己的一份的获得感；当然，孩子也不会因为只有兄弟姐妹在和自己分享而把对方当成“假想敌”的感受。

在整体分享的氛围下，孩子的分享就会成为自然而然的事，孩子并不会对此有过多的对抗。而且，分享又会在孩子的成长中一直强化，渐渐成为孩子的基本行为模式。

尊重孩子不分享的权利

这一点也很重要，孩子要能够真正对自己的物品做主，可以选择分享，也可以选择不分享。只有这样，他(她)才能理解别人的物品是由别人做主的，也可以不分享给他。所以，父母不要因为包括“面子”在内的任何原因“帮”孩子分享。

当孩子可以自由支配自己的物品时，内心的匮乏感就会降低，也就可以接受诸如“让别人玩一会，或者一起玩”等分享的方式。

创造分享的机会并积极肯定

在分享的家庭氛围下，还要给孩子创造分享的机会。与之前分享的区别在于，之前全家的分享，孩子感受到的是大家都理应获得，分享就和每天吃饭一样是生活的常态，而此处的分享是指创造让孩子主动地分享专属于他的东西的机会。

比如他(她)的生日蛋糕，切完蛋糕就让孩子分给大家，并及时给予赞扬和感谢，于是分享的快乐气氛会在全家蔓延。

也可以分享他（她）的零食或者玩具给兄弟姐妹，只要家长不强迫孩子，而是让孩子自己互动，孩子就不会那么排斥分享。家中只有一个孩子时，偶尔来一个小朋友，我们自己的孩子不一定愿意把玩具拿出来一起玩，但家中有两个孩子时，哪怕年龄差距不小，孩子天天在一起就不可避免会争夺，但同时也会分享，所以家有二宝也算是给孩子创造了一个学习分享的机会。

当然爸爸妈妈也可以想一些特别的方法，比如新买一套孩子们都很喜欢的玩具，但是明确说是送给兄弟俩的，所以必须两人都愿意一起玩才会送给他们。不讲分享合作的大道理，只是给孩子们创造一个必须分享的场景，使分享成为一个自然结果，而不是压力下的被迫行为。

鼓励孩子“请求分享”的尝试

分享可以收获快乐，被分享当然更快乐，像鼓励孩子分享一样，父母也要积极鼓励孩子“请求分享”。比如希望玩哥哥的玩具，希望吃妈妈刚买的食品，希望看其他小朋友的书等等，当孩子想要求被分享又不敢提出时，或者哭着要求妈妈帮忙时，我们都要鼓励孩子自己去尝试提出分享对方物品的请求。当然结果是可能获得成功，也可能遭到拒绝。

这样做的好处是，让孩子自己体验被分享的快乐和被拒绝的难过，有助于孩子被提出分享要求时，能够感同身受到其他小朋友的开心和难过。而且，让孩子自己请求并面对结果的过程就是锻炼孩子自己面对问题寻求解决的实践能力，同时也可以让孩子从中学会处理被拒绝后产生的坏情绪。更重要的是，这样做可以正常化分享与不分享，让孩子可以为自己的物品做主，也学会尊重他人的决定。

父母一定要耐心陪在孩子旁边，观察孩子自己尝试的过程，随时准备鼓励孩子取得的一点点进步，或者为孩子被拒绝的坏情绪提供安慰。不要一着急就替孩子出面，无论爸爸妈妈处理得多么圆满，即便孩子皆大欢喜，也不能由此锻炼孩子自己解决问题的能力。父母可以在孩子自己努力尝试的过程中给予建议，比如一起玩，交换玩，或者轮流玩，但最终决定权和具体执行的过程还是要交给孩子。不怕孩子做不好，也不怕被拒绝，只要父母就在旁边，一切都会过去，并且会成为孩子成长的养分。

任何情况都给孩子心理抚慰

我们要鼓励孩子做各种尝试，我们也必须面对孩子可能出现的各种情绪，所以父母常常就是孩子的情绪抚慰师，随时准备分享孩子的快乐，抚慰孩子的不安，纾解孩子的烦恼。

我们不能强迫孩子分享，但可以给孩子一些引导。比如小宝不愿意与大宝分享，我们可以先安慰大宝，然后再私下里问问小宝不愿意分享的原因，或者问问小宝怎样才会和哥哥（姐姐）分享，虽然孩子小不一定给得出有逻辑的答案，甚至在我们看来只是乱说一气，但在这个互动中，可以更近地感受孩子，孩子必然有他（她）自己的逻辑。孩子的变化很快，很有可能在爸爸妈妈的引导下他（她）就会愿意分享给哥哥（姐姐），即便还是不愿意也没关系，孩子成长过程中的每一次引导都有它的意义。

我们要做好孩子情绪抚慰师的工作，特别是家有两宝时，两个孩子每天都在摩擦，每天也都在成长，我们允许他们犯错，给予他们成长的空间，每一个孩子都会度过自己的各个成长阶段，成为健康快乐的自己。而这个成长的过程不仅是学习分享的过程，也是两个孩子积累情感的过程。

爸爸妈妈只要掌握基本原理，在尝试中积累自己的经验，具体的操作过程各家自有自己的好方法。

6 怎样帮助孩子互相合作

孩子能够合作的两个条件

除了分享，合作是父母对两个孩子的另一个重要期待，而且这两者又相辅相成，懂得合作的孩子更愿意分享，愿意分享的孩子更容易与别人合作。姑且不说这会带给孩子什么样的未来，至少两个孩子能相互帮助、配合，也就不枉父母克服重重困难要二宝的初衷。然而合作在成人世界都是一个远比分享复杂得多的难题，实现孩子的“合作”更是谈何容易！

首先，如果希望孩子能够合作，父母就要先放手，让孩子们能够相对独立地完成一些事。孩子两岁左右就已经会用“我要……”的话语提出要求，认识这个世界，做一些他（她）自己想做的事。然而现实中我们常见到不少父母包办代替，喂饭可以喂到小学，书包永远背在家长背上，作业永远不能独立完成，旁边总得有个陪读。如果孩子连自己的事都需要爸爸妈妈、爷爷奶奶做，又怎么能去配合别人或帮别人完成什么呢？又怎么去跟别的孩子合作呢？所以，家长要跟随孩子成长的步伐，该放手时就放手。把孩子需要的“独立”还给孩子，其实父母反能轻松很多。

合作的第二个重要条件是能够和别人协商，太过任性独断的人不管年龄多大，都很难与别人合作。我们的家庭中，是采用了和孩子协商的互动方式？还是家长制？或者“小皇帝”的“帝制”？我们的家庭中有分享合作的氛围吗？爸爸妈妈会合作完成一些家务吗？

所有这些都是孩子学会合作的基础支持，下面我们将从家有两孩儿的角度谈谈合作。

先让孩子们有合作的目标

新华字典解释“合作”是“互相配合做某事或共同完成某项任务”，所以，想要孩子们合作，首先要让孩子们找到共同的目标。

两个孩子如果年龄差距不大，共同的目标就并不难找，一起搭积木，一起拼图都可以是共同的目标。年龄差距大的两个孩子则不得不选择以大宝为主的活动，只要小宝能够很好跟随和配合，就是合作的开始。但随着小宝的长大，一定要适时增加以小宝为主的机会，每个人都需要有成为主角的时刻，同时大宝也能从中体会配合别人的感受。

这是从年龄差的角度来看共同的目标。

孩子合作的利益基础

成年人的世界中，能够合作的基础往往只有两个，一是情感，一是共同的利益和追求。从共同利益的角度来看，其实两个孩子不管相差多少，他们都有完全一致的共同点，那就是他们都爱自己的妈妈、爸爸和家庭。即使我们经常会关注到两个孩子竞争的场面，但这也正是因为他们在争夺共同爱着的亲人和家庭的温暖回馈。所以当父母、家庭需要他们的时候，产生的合作就会是最为紧密的合作。当我们的共同利益受到伤害时，我们自然都会齐心协力，所以经历过一些波折或变故的家庭，兄弟姐妹反倒容易团结合作，相互支持。

既然看到了这一层，我们完全可以创造一些以家庭为单位的活动，比如全家一起参加亲子活动，组织朋友们一起以家庭为单位搞一些文体活动，尤其是有竞赛性质的活动会让孩子为了争取家庭的胜利而紧密合作，孩子们能从中切身感受到家人内在的紧密联系。如果妈妈或爸爸身体不适，也是一个时机，让孩子们共同照顾生病的妈妈或爸爸，如果他们还没有合作照顾的经验，可以适当分配让他们合作完成的工作内容，他们是否能够完成得很好不确定，但他们会很用心，爸爸妈妈一定会收获很多感动。在家庭大扫除的日子，可以让孩子们一起承担家务，选择分组的方式，根据家庭情况，最初可以是爸爸妈妈各带一个孩子，进行家务比赛再设一点小奖励，在欢乐的气氛中完成了家务劳动，实现了亲子互动，也让孩子参与了合作，再以后则可以让小兄弟俩一组，更多磨合他们之间的默契。

类似这样的共同目标和合作，不仅仅让两个孩子增进感情，学会互相支持，全家气氛都会更融洽。

孩子合作的情感基础

再从另一个合作基础——情感——来看，两个孩子本就是兄弟姐妹，血浓于水，具有与生俱来的情感基础，现在需要的只是促进这份情感的成长。相信有两个孩子的父母一定都看到过，虽然两个小家伙整天在家吵吵闹闹，甚至大打出手，但是出门和其他小朋友玩的时候，他们还是会互相照顾，大宝也会“罩”着小宝，不让他（她）受欺负，这样的情形对我们有什么启发呢？

我们需要帮助他们淡化竞争关系，比如之前介绍过，当有竞争时，爸爸妈妈也参与其中，使他们不想当然把对方当作对手，也不把某些竞争当成敌对。也可以多带孩子出去参加更多孩子的活动，以此淡化两个孩子彼此间的竞争，让他们自然形成统一战线、合作联盟的关系，孩子间的感情也会在这些联盟中慢慢发展。

另外，我们也没必要一定排斥孩子的竞争和争夺，“吵吵闹闹”“斗气和好”本身也是情感成长的助推器。爱和恨这两种情感本来就是相伴相生的，只要父母当好孩子们的情绪抚慰师，让孩子们有安全的心灵港湾，得到积极的支持引导，他们很快就能成为健康的、会合作的同胞。

合作的一个重要环节是配合

说完了合作的目标和基础，合作中还有一个重要的环节——配合，配合是很有技术含量的，需要两个孩子能够很好地交流，表达自己的意见，同时还要对方能够采纳，在很多具体的合作中，还需要相互能够给予精神上的支持，实质性的帮助。

特别是对小宝来说，如果比大宝小得多，往往会有不但帮不上忙，还会捣乱的可能性，大宝当然很不希望有一个这样的合作伙伴。这时候就需要父母根据小宝的实际情况，安排适合他(她)的“工作”，既能保证小宝的积极性，又能让大宝不嫌弃这个“合伙人”。

如果两个孩子年龄相差不多，配合不好往往是因为各执一说，互不相让，此时父母需要在两个孩子合作的最开始阶段，先稳定局面，提出一些合作建议。比如按照两个孩子的意见分别尝试，最后再决定怎么做；或者建议孩子通过剪刀石头布之类的游戏确定这次听谁的。等到两个孩子长大一些，已经形成了他们自己商量的方式，并达成了默契，合作与情感实际上已经在无声中建立了起来。

7 游戏，怎么可以没有你

真正理解游戏与孩子的关系

人类社会从古到今，任何地区、任何民族的儿童都喜爱游戏，游戏是幼儿的主要活动方式，本书中有多处提到了游戏，因为它确实对幼儿具有重要意义。关于游戏的心理学研究和理论非常多，都从不同角度说明着同一个问题——游戏，孩子不能没有它。

为了避免父母们把游戏理解为“玩”，属于“不务正业”的范畴，这里必须单独列出游戏这一主题，希望父母们真正认识和理解儿童与游戏的关系，不再用孩子会背几首唐诗来衡量孩子是否聪明、有前途。

孩子认识世界、重演世界是从游戏中实现的，儿童思维的发展，身体动作的发展，包括操作技能的发展都源于游戏。孩子在游戏中学习，在游戏中成长，在游戏中学会与人相处，学会处理自己的情绪。一名真正优秀的教育者，父母也好、老师也好，都是能够和孩子游戏的人。

游戏在本质上是由孩子自主控制的

游戏作为儿童最早自主控制的活动，对孩子的意义重大，孩子可以从游戏中获得自主感、可控感、安全感并消除紧张情绪。自主控制包括广度和强度两个方面，广度包括对游戏内容、活动范围、活动时间等游戏设定的控制；强度指对自己的控制程度。孩子自己自言自语玩玩具时，是高度自主控制的；当其他小朋友加入游戏，开始一边对话一边玩时，孩子属于中度自控；而当老师加入了大家，开始有目标地一起做一个游戏时，孩子转为低度自控状态。

由此可见，在游戏过程中，父母或老师都应“放权”才能保护孩子的自主控制，真正实现游戏对孩子的最大意义。同时绝对的高度自控也并不利于孩子之间的配合和合作，尤其是家有两孩儿时，需要让两个孩子都有相对控制主动权的机会。

游戏对孩子的影响

游戏可以促进孩子智力、情感和社会化等方面的发展。排队开小火车、拿积木当小汽车的过程，促进了孩子对各种事物象征性功能的认识；在游戏中孩子会迸发超出自己平常能力的状态，完成对现有能力的整合。在游戏中孩子能学会与他人相处，解除以自我为中心，处理不良情绪，丰富高级情感的发展，掌握不同社会角色的差异，培养协调和竞争的能力。

除了以上情绪和社会化方面的发展，孩子们通过在游戏中使用工具，玩玩具，想象游戏方法等增加了与世界的联结。游戏中对不同事物的触摸、使用，或者是对不同游戏流程的想象、适应，最终整合形成了孩子更现实的与世界的关系，实现了孩子对现实世界的认识。

几个经典游戏

最早的安全感游戏——躲猫猫。

每个妈妈都知道孩子们是多么喜欢躲猫猫这个游戏，不用费心观察就能轻而易举地发现从几个月到十几岁的孩子都愿意玩这个游戏，甚至青年男女谈恋爱也会尝试躲起来给个惊喜这一类升级版的躲猫猫游戏。当妈妈捂着脸，再突然把手拿开的时候，几个月的宝宝会开心地咯咯笑，在这个过程中他（她）第一次知道即使看不到妈妈，她也还会回来，对孩子来说，没有比知道妈妈任何时候都在更安全的了。自此以后，这个游戏会一版一版升级，游戏规则越来越复杂，但孩子们永远乐此不疲。无论负责寻找，还是躲藏，每个参与游戏的孩子都会很开心，即使被找到也不会沮丧。对此，如果我们不去咀嚼游戏背后的意义还真是不容易理解。

最早的社会化游戏——过家家。

孩子对他人和社会的理解始于家庭，对关系的深刻感受源于父母，过家家游戏则是模仿，是重演，也是学习和体验。孩子会在有些过程中加入情感与关系的因素，而不仅仅是制订简单的规则游戏。这也是女孩更偏爱这个游戏的原因，更细腻的情感让她们早早就开始了当妈妈的练习。

男孩的最爱——警察抓小偷。

不能说每个男孩都有当警察的梦想，但几乎每个男孩都玩过类似的游戏，奔跑、攻击、正义、勇敢，每个词对男孩都充满吸引力，它满足了男孩攻击性的需要，实现了力量和速度创造的快感。这个游戏中也有关系，但不像过家家那么细腻，这个关系更像战友、哥们。

每个自然形成的游戏都源于孩子的需要，它们之所以经典，经久不衰，正是因为它们满足了孩子的需要。

“纸上得来终觉浅，绝知此事要躬行”，学习任何教育理念或者方法，最终还是要实践，形成自己的理解和认识。孩子也一样，幼儿期的学习貌似浅显，实则深刻地影响着孩子的人格形成，游戏中收获的是不能量化却能够让孩子“绝知此事”的能力。

8 心理学研究上的同胞关系

同胞关系对家庭的影响

我们把同胞称为手足，可见这份关系对我们的重要，血脉相连，情深意厚。但同胞关系并不那么简单，不同家庭甚至同一家庭中不同的兄弟姐妹之间的同胞关系都呈现出不同的形态。下面我们就在心理学研究的基础上谈谈同胞关系。

国外对同胞关系的科学研究始于二十世纪五六十年代，研究涉及多个方面，如行为问题、同伴关系、人格发展与心理健康等。

研究发现，同胞之间的关系对家庭氛围和所有家庭成员之间的关系有很大的影响。同胞关系融洽的时候，家庭的氛围是愉悦的，而且家庭成员之间很少有摩擦；反之，如果同胞之间充满摩擦，而且具有妒忌、敌意和其他方面的不和谐时，家庭关系也就会变得很紧张，不和谐。

同胞关系是多维度的

研究者普遍认为同胞关系是多维度的，我们可以从同胞权利对比、同胞冲突、同胞亲密、同胞竞争等维度来考察同胞关系的质量。

同胞权利对比在两个方面考察，一是支配与被支配，即个体和同胞在关系中所处的地位，谁处于支配、控制的地位，谁处于被支配、被控制的地位；二是赞赏，即个体和同胞对彼此的尊敬和赞赏态度。同胞冲突是从个体与同胞争执或吵架的程度考察个体的同胞关系质量。同胞亲密是个体感觉自己与同胞的亲近密切程度。同胞竞争是个体在“父母对谁更好”的问题上与同胞争胜的心理，是子女为了获得父母更多关爱的一种心理状态，在某种程度上它是一种假命题。实际上绝大多数父母对子女都是公平的，只是由于儿童本身的个性特点、认知方式不同等因素导致父母对待每个儿童的方式和态度不同。除了以上因素，研究还发现同性别的同胞关系要比不同性别的同胞关系更好等。

同胞竞争

在多维度同胞关系中，同胞竞争与同胞合作是影响儿童心理发展的重要因素。

同胞竞争又称同胞嫉妒，通常指随着弟弟或妹妹的出生，很高比例乃至大多数儿童都出现某种程度的情绪紊乱。多数情况下，这种情绪紊乱很轻，但此时发生的竞争或嫉妒可能会持续很久，常伴有心理问题。

同胞竞争是兄弟姐妹之间相处时的微妙关系，任何一个家庭只要有了两个或两个以上的孩子，他们之间必然会有比较和竞争。而孩子的占有欲很强，敏感程度很高时，他们心里会认为弟弟妹妹的到来势必会分走父母对自己的关爱。心存潜在的敌对心理，自然会给他们造成压力，而这种压力远比父母感受到的要强得多!

当孩子的这种压力无法得到纾解时，他(她)很可能会做出一些极端的事情，甚至会引发悲剧。因为同胞竞争而引发的问题，在心理门诊越来越常见，原本爱说话的姐姐，在弟弟出生后突然变得一言不发，并且出现尿床现象；原本爱说笑的哥哥，在弟弟出生后却变得情绪失控摔东西，哭闹，甚至把弟弟的衣服剪成布条放在火上烧，整天挂在嘴上的话就是活着没意思很痛苦。这些现象如果得不到有效纠正和引导，将会影响孩子人格的养成。

但从另一个角度来看，有时某些收益却恰恰来自于冲突。德国伊利诺伊大学厄巴纳分校的劳丽·克雷默发现，年龄在3~7岁的同胞间平均每个小时要争吵3.5次；2~4岁的兄弟姐妹甚至每十分钟就要起一次冲突，这可能令父母筋疲力尽，但对孩子却富有成长意义。研究者相信，正是这种频繁的交互适应，让同胞关系富有价值，为孩子以后的生活提供了一个很好的预演场所。因为个人成年之后需要和他人建立各种各样的关系，比如工作和婚姻。这就如同我们面对自己的兄弟姐妹，大为光火后总还是要回到同一个屋檐下，或许拿出一个玩具就能化解同胞间的紧张形势，而在成年后，这个玩具也许就会演变成一个缓解同事间尴尬气氛的笑话，或者大吵一架之后丈夫向妻子的主动示好。美国匹斯堡大学心理学家丹尼尔·肖的一项调查表明，在孩童时期能与兄弟姐妹和睦相处的人，可能在以后的生活中也能表现出较强的社交能力。

很多关于孩子养育方面的文章都强调了同胞之间的嫉妒和竞争关系，但如前面提到的，同胞之间的关系远远不止于此，并且非常复杂，例如同胞合作。

同胞间的合作

尽管冲突可能是不可避免的，但并不意味着同胞间关系总是消极的，实际上同胞间合作行为几乎同样常见。由于同胞间拥有高达50%的遗传相关度，从适应的角度出发，很多情况下同胞都倾向于彼此合作并相互帮助，所以同胞往往是最好的朋友和最主要的支持来源。而且，在彼此的观察和互动中，同胞学会了合作、分享、互助以及共情。

对于年长的孩子，他们会在年幼的孩子面前扮演老师和榜样的角色，在这一过程中，他们自身的发展将得到有力促进。有研究表明，长子女在智力测试中的表现往往较好于弟弟妹妹。挪威奥斯陆大学的皮特·克里斯腾森和挪威军事医学服务部的托·尔·比耶克德尔分析了 241310 名挪威男子的智商测定资料，结果发现第一个出生的孩子，比其弟弟妹妹的智商值平均高出了2.3个百分点。有研究进一步表明，出生时间在前并非是其聪明的主要原因，而是家庭让他们肩负起比弟弟妹妹更多的责任，同时他们部分地充当了年幼孩子的指导者和照看者的角色，这些因素刺激了他们自身智力水平的提高。

同时，年幼的孩子也能从这种交互关系中获益，因为年长的孩子可以为他们展示适当的社交和问题解决能力，对他们显示出关心和培养行为，并且是以一种更为平等、更易于接受的不同于成人的交流方式。与独生子女或者长子女相比，有哥哥姐姐的孩子会更早地形成所谓的“心智理论”。其原因可能是他们与年长者在家庭里谈论感情和思想的时间是独生子女的两倍。珍妮弗·詹金斯说 “这种闲聊大多是在与同胞玩耍时发生的，而与父母闲聊的机会要少得多”。

同胞关系给父母的挑战

对同胞关系的研究告诉我们，它的复杂和对每个个体的重要影响，在追求合作的同时，也不排斥冲突。在孩子还小的最初的几年，这些问题确实增加了父母养育的难度，但只要引导得当，会越来越轻松。

抚养一个孩子是一种挑战，抚养一个以上的孩子会带来更多的乐趣，然而挑战也将加倍。经常应用以下几个重要的方法能够帮助消除孩子们之间不快的感觉，在孩子们之间发展丰富的、快活的、亲近的关系，这些方法不同于典型的人们常用的那类，所以要应用它们颇具挑战性，不过应用一段时间之后会非常有成效。

帮助孩子的一个好方法，有两个看似相反的步骤。第一步是给他（她）一段特别时间，在这个时间段倾注你所有的注意力，赞许和允许孩子选择他（她）想和你一起玩儿的游戏。在这段时间不接电话，推后喝茶的时间，对于我们来说这样做会有出乎意料的困难，因为养育孩子是充满压力的，我们几乎总是想在教育孩子、指导孩子，或者在与孩子游戏时做点杂事，但是要了解，专注于孩子的特别时间有助于孩子，也有助于你自己。

第二个重要的步骤是，注意孩子在什么时候渴望要独自占有你的关注，是有别人在你们旁边的时候吗？是你们两个人一起到托儿所或奶奶家的时候吗？是在晚上该睡觉的时候，求你没完没了讲故事好不让你离开吗？当一个孩子因为可能要和亲近的人分开而感到不安时，无论这种不安是轻是重，他都会随时把需要你的感觉释放出来，他（她）需要确信你爱他（她），他（她）需要有机会大哭一场，直到把伤心全部发泄出来，而你的倾听和陪伴会帮助孩子消除那种从未能和你待够的感觉。

在一段时间里重复这两个步骤有助于一个孩子准备好面对一个弟弟或妹妹分散你的注意力时带给他（她）的挑战。

当一个孩子情绪紧张时

兄弟姐妹愿意和睦相处，也愿意一起玩耍通常会让父母能好好松口气，以至我们没有注意到体现孩子们之间的慷慨大方、随和可亲的那些细微之处。我们往往会利用他们相安无事的时刻去做家务、打电话和完成工作。但如果你仔细观察，就会看到你以前从未注意到的孩子们彼此分享、帮助、照顾的点点滴滴，这时你对其表示的肯定和赞赏，将有利于孩子们之间的关系。

当你注意到一个孩子（特别是较大的孩子）变得粗鲁，甚至要攻击另一个孩子时，责骂他（她）和命令他（她）是完全无效的，那样只会让孩子更惊恐，更不大可能做到举止得当。有效的方法是迅速而温和地实施干预，要温和而坚定地制止情绪紧张的孩子接触比他（她）幼小的孩子，但不要把他（她）拉开，可以靠近他（她），并引导他（她）的手轻轻地落到自己身上，这样做的时候要让自己和孩子目光接触，用温柔的眼神邀请他（她）看着你。通常孩子会因为心烦意乱而不能长时间注视你，当他（她）尝试着看你时，烦乱的心情开始让他（她）想走开，而你要温和坚定地留在他（她）身边，让他（她）靠近你，继续让他（她）感觉到你对他（她）的关注和支持。这时，孩子多数会大发脾气或大哭着表示要你或不要你，要去碰弟弟和妹妹或者不要去碰弟弟和妹妹，所有这些情绪都是他准备释放的那份烦恼的重要组成部分，如果和他待在一起，不去批评他，他就能够愉快地哭个够，或把脾气发完。

当孩子互相伤害时，需要我们帮助他们。作为父母，看到自己的孩子彼此伤害是生活中最煎熬的时刻，这会使我们感到自己作为父母在某些重要方面很失败。这种情况发生时，我们经常会去斥责那个施加伤害的孩子，即使我们深爱着他。当这样的伤害变得很频繁，几乎成了家常便饭的时候，孩子们的不和会随时随刻影响所有家庭成员。

这种情况对我们的确很难，但我们需要保持清醒，相信这种情况几乎会发生在每一个家庭中，我们需要寻找一个好方法解决兄弟姐妹的纷争。经验似乎告诉我们，父母想要制止孩子们的纷争就必须是疾言厉色的，甚至这完全是有道理的。但是如果我们好好想一想就会明白，成年人的疾言厉色，是很难在孩子们之间引发爱和温柔的，必定还有一个更好的办法。

确实有这样的办法，只是用起来不容易，有个最有效的办法是与父母既有的生活习惯相悖的，但既然它行之有效，就让我们了解一下吧。当孩子们开始吵闹，让全家不安宁的时候，想要解决问题的父母该去寻找一个能够倾听我们的人。

孩子们的不和让父母感到心烦，而心烦的人是不会有效解决问题的。

在孩子们能够重新相互喜欢之前，我们必须能赢得孩子们的心，而要赢得孩子的心，我们成年人就要能够先打消自己对孩子的善良的疑虑。有时候，孩子们的吵闹争执让我们很容易忘记他们是好孩子这个事实。当孩子们彼此争斗时，他们也同样是缺少思考能力的，他们这时是情绪化的，但他们并非不再是好孩子，只是他们当时停止了思考。我们也会有这种情况，当我们为了什么心烦意乱时，也常常难以进行正常、理智、清醒的思考和应对。

所以这个方法的第一个步骤是，找到一个可以耐心听我们倾诉的人，这个人必须带着不打断、不评判、不劝告的态度，听我们诉说那些令我们陷入烦恼的孩子的事。

把这些经历和感觉告诉另一个成年人是有帮助的，如果是你的爱人，并且他(她)没有被这些情绪所困扰，那就更好。如果你能够把在处理孩子的问题中激发的情绪也充分表达出来就更好了，因为这些情绪一直堆在那里等待着被释放。

不要让孩子们听到，这种倾诉是用来讲给其他成年人听的。不用怀疑的一点是，你的孩子是优秀的，或早或晚每个孩子都会和自己的兄弟姐妹闹别扭，但是请尽量保持良好的识别，即使陷于情绪爆发的状态，这个孩子依然是好的，他(她)只是在尽其所能地明确而强烈地向你发出求救信号。你则可能需要得到另一位成年人的支持，使你放下情绪，记起孩子的美好。一旦你自己的烦恼不再困扰你，你就能够重新和孩子度过美好时光，这是朝着让孩子们相互关心迈出的有益的第一步。

小结：

同胞之间，因为有了彼此而减少了成长路上的寂寞，丰富了情感路上的陪伴；同胞之情，源于血脉相连，却需要父母和孩子共同用爱浇灌。没有什么情感是完美的，也没有哪种教育是完美的。父母和孩子们需要相对独立，又必须时时保持联结，独立的是意志与责任，联结的是情感与心灵。

CHAPTER 6

好家庭才有好孩子

1 孩子的“起跑线”是家庭

“不要让孩子输在起跑线上”

“不让孩子输在起跑线上”已是深入人心的观念，然而它实则只是一条成功的广告语！当我们关注孩子的早期教育，并把早期教育理解为学习各类功课和技能的时候，却忽略了孩子真正的起跑线是家庭，一个和谐健康的家庭才是每个孩子真正输不起的起跑线。

从婴儿的身体与母亲永久分开的那一刻开始，孩子和妈妈不再能感受到对方的疼痛，但却能引起对方的“心痛”。没错，我们的身体虽然将从此孤独，但我们的心却从此有了一份永远难以磨灭的牵挂。家会影响我们一生，如今我们和爱人共筑的这个小家将影响孩子的一生。无数经验和研究证明，父母与孩子，尤其是母亲与孩子的关系，创造了孩子的核心人格，这个人格在很大程度上决定了孩子将来能够取得的成就和收获的幸福。为人父母是一门学问，求学之路从这里开始。

几乎每个人的成长过程中都经历过以下场景：

场景一，第一次上幼儿园，或离开主要抚养人较长时间。

场景二，第一次被一个人留在家里，等爸爸妈妈回家。

场景三，第一次离开家到比较远的地方。

场景四，第一次失恋。

……

回忆起来，大部分人似乎都会以哭来面对这些成长经历，经过几次或一段时间后，才会慢慢适应。为什么这些分离时刻会带给我们如此难受的感觉呢？因为我们与父母、恋人之间形成了一种在心理学上被称为“依恋”的情感联结，任何要破坏这种联结的行为和事件都会影响我们的情绪，破坏我们的安全感。包括大宝对小宝的“敌意”，主要也是源于或许小宝的到来让大宝感觉到与父母的距离，就如同将要分离或失去，这种感受让大宝痛苦不堪，“敌意”“攻击”都只是自我保护。

当代心理学最重要的概念之一——依恋

既然“依恋”对我们每个人都这么重要，下面我们就一起来了解一下这个当代心理学最重要的概念之一。

“依恋”一般指婴儿与主要抚养者（通常是母亲）间最初的社会性联结，也是情感社会化的重要标志。儿童与其抚养者（通常是母亲）之间存在一种特殊的感情关系，它产生于儿童与抚养者的相互作用过程中，是一种感情上的联结和纽带，表现为儿童对抚养者的一种追随、依附和亲密行为，以及由此带来的心理上的归属感和安全感。由于这种情感联结，婴儿在不高兴时，就会趋近“这个人”；当有陌生人引起婴儿的焦虑时，婴儿就会寻找“这个人”以获取安全感；如果强迫婴儿同“这个人”分离，婴儿则显示不满。在儿童早期的发展中，依恋情感的形成一般伴随着依恋关系的发生。

之所以说“家庭才是孩子输不起的起跑线！”正是因为家庭给予我们每个人的依恋关系将影响着我们一生的方方面面。

2 亲子依恋

亲子依恋与同伴关系

同伴关系的测量，一般包括被同伴认可、接受的程度（量）和特殊的好朋友关系，如友谊质量（质），这两方面构成了衡量同伴关系的数量和质量指标。它们各自所反映的内容有很大差异，好朋友的数量侧重儿童的人际活动范围以及行为的被接纳程度，友谊质量更侧重反映儿童维持亲密、长久人际关系的技能，如分享、亲近等。

友谊质量得分高的儿童不一定有较广的好朋友关系，可能仅仅维持了一对一的特殊关系；而获得较多同伴认同的儿童，也不一定能发展深入、持久的单一朋友关系，尤其在学龄儿童中，学绩表现、教师的评价往往成为儿童社会性表现的重要干预因素。如有的儿童学习成绩优秀、遵守纪律，是老师树立的榜样，在同学中被广泛认同，而社交技能却极差，与同学相处很被动，不会表达亲密、好感等特殊感情，不善于处理矛盾、冲突，包容性差等。而有的儿童可能有很多缺点，如打架、撒谎、学习差，他（她）的人际吸引力极差，却发展了较强的亲密交往技能，能够维系牢固的友谊纽带，有坚定的“追随者”。因此，儿童的好朋友数量与友谊质量是两个不同的概念，各自反映了儿童社会交往能力的不同方面。

研究结果显示，高质量的母子依恋能培养儿童乐观、合群、愉快的性格特征和符合社会规范、有利于人际关系维护和发展的积极行为方式，因此，通过母子依恋的质量可以预测儿童的好朋友数量和质量。而父子依恋则对友谊质量有影响。这提示我们，“知己难求”的感叹不仅仅意味着“被理解”好难，可能更说明和父母形成高质量的依恋关系好难！

亲子依恋与婚恋关系

越来越多的研究结果表明，婚恋关系和“婴儿—照看者”关系有着相同的作用机制，这也就意味着小时候的依恋关系将很大程度上影响一个人的婚恋关系。

我们先来看下面对婚恋关系的分类描述：

“冷淡型”的人。他们很难和别人建立亲密关系，关系过密，他们就会感到不舒服，当然他们也很难完全信任和依赖别人。

“安全感缺乏型”的人。他们总是对感情和爱人患得患失，担心感情会失去，担心爱人并不像他们希望的那样真正爱着自己。

“安心型”的人。他们不担心被抛弃，也不惧怕与人建立亲密关系。

“混乱型”的人。他们兼具“冷淡型”和“安全感缺乏型”的特点，行为表现更混乱无序，就如同他们的生活。

而以上几种成人的婚恋关系模式实际上与亲子依恋的几种依恋关系不谋而合，这更让我们不得不对亲子间的依恋关系重视起来。试想，当“不输在起跑线上”侧重于“成功”的时候，我们如果还“清醒”，就应该看到高标准的“成功”只是少数人的事情，而这个“成功”与“幸福”并不必然重合，反倒是美满的婚姻、几个知心的好友更符合于大众的“幸福”标准。

亲子依恋对认知的影响

调查显示，安全型依恋与非安全型依恋的孩子相比，安全型依恋的儿童相对有更好的认知发展，如注意力集中、智商高、善于解决问题，同时语言发展也较快。

安全型依恋的儿童能够更适应学校的环境，更好地与老师和同伴交流，这种积极受信任的环境能让儿童更容易遵守课堂流程，集中注意课堂的程序和指令。同时安全型依恋的儿童有更好的表达和理解概念的能力，从而可以取得更好的学习成绩。

而非安全型依恋的儿童常常把过多的注意力放在潜在的错误上，降低了学习的投入度，导致其不能够很好地进行学业学习。

亲子依恋与人格发展

有关亲子依恋关系对人格发展影响的各项研究显示，安全型依恋的儿童具有更多的外倾性特征，表现为热情，与他人有较好的互动，并具有较高的自尊水平，较少孤独。

亲子依恋对心理适应性的影响

心理适应性是指个体对环境的适应能力，适应性好的个体能够更快、更好地适应环境中的动态变化，快速调整心理内部机制重新达到平衡。而适应性不好的个体对心理疾病有更高比例的易感性，就像敏感体质的人更容易伤风感冒一样。

许多实证研究支持了心理病理与非安全依恋之间的相关性。研究表明，78%的精神病患者、75%的抑郁症患者、84%的焦虑症患者、84%的物质成瘾患者、93%的饮食障碍患者以及92%的边缘型人格障碍患者在AAI（成人依恋访谈）中被评定为非安全依恋类型。

依恋模式与各种心理病症是否存在着严格的对应关系目前尚无定论，但已有的研究已表明，某些依恋模式与某些心理障碍之间确实存在着对应关系。例如，研究发现成人抑郁患者较多为反抗型依恋（有自杀意念或自杀行为者通常更多地表现为反抗型依恋）；饮食障碍患者的67%表现为回避型依恋；神经性厌食症和贪食症病人中的96%属于反抗型依恋；此外，在依恋模式与物质滥用关系的研究中也发现，回避型依恋的人更容易发生物质滥用的现象。

看到这些数据确实触目惊心，相信爸爸妈妈一定非常想了解婴儿的依恋类型究竟有哪些。

婴儿的依恋类型

美国心理学家A i n s w o r t创设了“陌生情景实验”，在实验中，母亲和陌生人分别两次进出实验场地，实验场地则摆有很多玩具，研究人员通过观察和分析婴儿在陌生情景中的行为表现，在对周边玩具的探索和与妈妈的联结中做出的反应和取舍，将婴儿的依恋分为三种类型：

一是安全型依恋。这类婴儿在母亲在场时能安逸地游戏和探索，母亲离开时情绪出现困扰，但母亲回来后很快又恢复平静。他们对陌生人的反应比较积极，能顺利地与陌生人交往。

二是回避型依恋。母亲在场或不在场对这类婴儿影响不大，他们在母亲离开时并不表现出分离焦虑，母亲回来后也没有明显的亲近态度和行为。

三是反抗型依恋。这类儿童似乎离不开母亲，母亲离开时极度痛苦，但母亲返回后又表现出矛盾心理，既想寻求与母亲接触，又在母亲亲近时生气地拒绝和反抗。

后来，Ainswort的学生Main又确定了第四种依恋类型，即混乱型依恋。这类儿童常兼有回避型与反抗型儿童的特点，在陌生情境中易表现出混乱并缺乏组织的行为。有研究表明，混乱型儿童是最缺乏安全感的依恋类型，并且有较强的攻击性。

研究发现，在AAI（成人依恋访谈）中被评定为安全型依恋的成人，其子女往往表现出对父母的安全依恋模式；被评定为非安全型依恋的成人，其子女往往也表现出对父母的非安全依恋模式。

通过AAI对成人依恋类型的测评发现，成人依恋分为四种类型，即“安全—自主型”“不安全—忽视型”“不安全—先占型”“不安全—遗留型”。这四种类型与婴儿通过“陌生情景实验”表现出来的四种依恋类型一一对应，呈现出“代际传递”的特征，即子女依恋类型与特殊照料者（通常是母亲）的依恋模式有着密切关系。如果父母双方都是非安全依恋者，其子女的非安全依恋模式的可能性则更大。

但需要指出的是，这并不意味着那些有不幸童年经历的父母必然会成为不敏感的父母，进而形成不良的亲子关系。相反，这些父母看待其童年经历的方式比他们实际接受的养育行为对其如何抚养孩子影响更大。

不如让我们走进家庭，看看家庭对我们每个人的影响！

3 快乐的妈妈

妈妈的状态至关重要

妈妈对孩子的重要性毋庸置疑，正因为重要，就更要强调快乐妈妈的意义，在孩子成长的最重要时期，对孩子最重要的角色以什么样的状态存在至关重要。前面有些枯燥的“依恋理论”的介绍中，我们知道孩子与抚养者（通常指妈妈）形成的感情联结对孩子多么重要，虽然任何其他的抚养者，包括爸爸、爷爷、奶奶都不可取代妈妈在孩子最早需要的依恋关系中的作用，但我们还是无法确切证明一个情绪状态有偏差的妈妈可能对孩子造成的伤害与抚养中妈妈缺席对孩子的伤害哪个更严重。

那么母婴依恋形成的机制是怎样的呢？婴儿有一种先天的倾向，就是在无力照顾自己时发出哭、笑或其他信号吸引成人注意并接近，从而满足自己各种需要的倾向。同时成人也具有对这些信号做出适当反应的倾向，这两种倾向相互作用就形成了依恋。

婴儿期至童年期确立起的内部模式非常牢固

儿童关于自己与他人之间的认识形成于自己理解外在环境，并适应这个外在环境的过程中。如果孩子的婴儿期、儿童期和少年期，有相对一致的被看护经历，就会形成相对一致的对自己和他人的认识与回应方式，会在重要的经验与不断一般化的过程中将这些认识和回应方式稳固下来。这些与特殊看护者之间的关系模式一旦形成，就有可能自动化和无意识化。就类似我们在骑自行车的时候，由于非常熟练而不需要分配格外的注意在自行车的操作上，身体就会自动做出适当的操作。

这种被稳定下来的行为模式也是如此，当我们遇到生活中的任何事或人，这种模式都会自动做出回应。同时，婴儿期至童年期间确立起的内部模式非常牢固，与亲子依恋模式、爱情依恋模式、友谊依恋模式以及多重依恋模式，无论是哪一种依恋模式都非常相似，并对这几种依恋模式起着指导作用。

婴儿依恋类型的形成

当孩子用哭传达自己对妈妈的呼唤时，如同我们对他(她)充满期待一样，他们也在期待着一个“好的回应”。所谓好的回应就是“及时的反应，正确的理解，适宜的对待”。除了基本的生理上的照顾以外，妈妈与孩子目光的交流，妈妈饱含情感的抚摸和拥抱都能在情感上给孩子足够的安全感，于是满足了期待的孩子就可以踏实安稳。如此反复，在孩子出生最初短短的几个月中，这样的互动多达几千次，随着孩子的成长，需求的越来越丰富，回应信号的难度越来越大，及时地、敏感地、正确地感受到孩子的需要并给予回应，安全型依恋便如此形成。

然而，如果婴儿期母亲倾向于拒绝，缺乏耐心，不能及时回应孩子的呼唤，或对孩子的细微反应缺乏敏感性，则婴儿会因为期待屡屡落空而对这份情感联结失望，甚至绝望，于是就表现为回避型依恋。

婴儿期母亲虽然能够及时给予回应，但如果常常错误理解孩子的需求，不能了解孩子，这种时而能够联结，时而无法感知的状态，或者妈妈经常没有任何说明就离开，都会让孩子总是有随时可能失去妈妈，失去安全的感受，就会形成反抗型的依恋。

混乱型依恋的孩子往往是由于母亲虐待儿童或母亲患抑郁症，母亲对儿童的回应是混乱的，不连贯的，不规律的。有时孩子可以得到妈妈的温暖，有时会被拒绝，有时又会被错误理解并错误回应，更有甚者，母亲本身就是孩子感受里的危险源，这都会使儿童情感矛盾，行为混乱。

可见，在孩子与母亲形成依恋的过程中，“沟通品质”才是最重要的，妈妈要做到敏感觉察孩子的各类非语言信息，毕竟在孩子不会说话到说不清话的两到三年间是孩子最重要的依恋形成的阶段，对孩子非语言信息的正确解读才能够确保妈妈做出恰当的回应。

婴儿真被“抱太多”了吗?

常有人说小婴儿因为被抱得太多而被“惯坏了”，这里有一个“抱得多”的标准问题，没有合适的标准衡量何所谓多，何所谓少时，妈妈是无所适从的。而对于一个嗷嗷待哺的婴儿，一个初为人母的妈妈如何快速练就捕捉孩子的信号信息，知道孩子的真正需要就成了母子能够真正“有效沟通”的关键。

什么才是孩子最需要“抱”的表示，如果解读存在偏差，就会出现两种不合适的回应倾向。要么因为片面强调不能抱得多，即使孩子在哭，我们也主观地判断他(她)什么都很好，只是在闹人要抱，如此刻意减少回应孩子的次数，孩子将会在这个过程中感受到被忽视或被拒绝，感到妈妈和外部环境的冷漠。而另一种倾向则是只要一哭就马上抱，处理完孩子可能的不舒服的情况依然长时间抱，这就真的抱多了，让孩子感受到抱着才是应该的常态，而其他姿势是不舒服的。实际上，孩子的哭一定是有原因的，任何的不舒服都会让孩子哭，而随着孩子的成长，他(她)也会用不同的哭来表示不同的不舒服。

儿童本身的气质特点

看到这里妈妈也不必太过紧张，儿童形成哪种类型的依恋不只是与母亲养育、家庭环境有关，还与儿童本身的气质特点有关。

容易抚育型。这种气质类型的儿童对新刺激的反应是积极接近，对环境的改变适应性较快，情绪反应温和，心境积极。

抚育困难型。这类儿童情绪反应强烈且经常为消极反应。醒来未睁眼就哭闹，遇到困难后大喊大叫，经常哭闹，睡眠不规律，对新的环境表现出强烈的退缩、不安，适应迟缓。

缓慢发动型。这类儿童对新刺激的反应不强烈，活动水平低，无论是积极反应还是消极反应都很温和，生活规律仅有轻度紊乱。

如果我们的宝宝是后两种类型，就会对妈妈有更高的要求。

妈妈的快乐去哪儿了？

另外有研究表明，初为人母，妈妈们经常会误读孩子的需要，而且这个频率并不低，其实孩子也不是那么脆弱，任何一点不好的回应不会就让孩子形成非安全依恋。为什么说妈妈是其他任何看护人所不可替代的，就是源于怀胎十月妈妈早已和孩子血脉相连，所以当孩子一降生到这个陌生的世界，他（她）就本能地渴求妈妈那熟悉而安全的一切，而妈妈对孩子的情感也是独一无二的，这都让妈妈成为最能够理解孩子，给予孩子好的回应的那个人。所以，妈妈们不需要去追究到底读懂了孩子多少，只要你站在试图读懂他（她）的角度细致观察，你就会感受到你原本就和孩子在一起的心。

妈妈的情绪是有感染力的，尤其是对孩子，妈妈觉得不安担心时，孩子也会步调一致地感到同样的不安担心；如果妈妈十分焦虑，那么孩子也会觉得无所适从，怅然若失；而当妈妈开心大笑时，你会看到孩子也在对你微笑，然后慢慢和你一起大笑起来。

妈妈的快乐如此重要，然而在目前的研究中，有近三到四成的孩子是非安全依恋的，究竟我们的妈妈们怎么了？妈妈的快乐去哪儿了？甚至于妈妈去哪儿了？

每个妈妈都希望给予孩子最好的一切，然而妈妈也有力不从心的时候，有的妈妈没有多多拥抱孩子的“勇气”，有的妈妈正被抑郁情绪困扰，有的妈妈正在家庭漩涡里挣扎……不管是为了孩子还是为了妈妈自己，又或是为了家庭考虑，妈妈的心理健康问题都将是家庭教育领域重点关注的内容。

妈妈的心理健康

第一，拥抱需要勇气吗？也许有的父母会问，拥抱孩子还需要“勇气”吗？是呀，对大多数父母而言这不是个问题，但在依恋关系的“代际传递”中已经说明，父母的依恋模式是会通过互动的过程传递给孩子的，也就是说如果妈妈本就是“不安全—忽视型”，妈妈也曾经历过被忽视和拒绝的回应，妈妈是回避这个世界的，妈妈对人际关系是绝望的，虽然孩子对于妈妈是个特别的存在，但那些已经深深内隐于妈妈内心的对这个世界的理解和回应方式是无法根本性改变的。而这种绝望感将通过妈妈对孩子的回避传递给孩子。对于这类的妈妈，拥抱的确是需要“勇气”的，她没有得到过太多温暖的拥抱，也就无法给孩子她不曾拥有的东西。

当然，如前所述，这不是一个绝望的循环，只要“妈妈—孩子（妈妈）—孩子……”的传递中任何一代人停下来并开始审视自己的内心，都有可能中止这种悲哀的循环。妈妈自己走出来的时候，也就是孩子同时走出来的时候。

第二，产后妈妈的心理恢复期。由于类似产后抑郁等心理疾患，妈妈有可能在这个孩子人生最特殊的时期，身心俱疲，承担着常人无法理解的难受。社会对心理健康的认识和理解还远远不够，虽然人们常说“哪个女人不生孩子”，但是每个个体都不尽相同，诸如产后抑郁等心理疾患的诱因又是复杂的。而事实上，每个产妇都会经历抑郁的情绪阶段，只是程度不尽相同，而最终达到产后抑郁症程度的比率高达15%左右！

我们可以接受一个身体生病的人休息调养，却很难允许一个心理生病的人表现出“不正常”的症状，这种理解甚至于妈妈自己都有，然而越是不能接受自己的坏情绪，坏情绪就会越困扰着她。没有几个被困扰的妈妈会专门去解决这个问题，大多数妈妈也会在3到6个月内自行调节恢复，但也有的妈妈需要更长的恢复时间，甚至有程度更严重的引发其他后果。更重要的是在妈妈自行恢复的这段日子里，孩子在和妈妈一起承受着这一切。

第三，妈妈与家庭的摩擦。几乎每位妈妈都会面临抚养孩子时与整个家庭之间的摩擦问题，也许是与老人关于养育和教育的理念分歧，也许是有关孩子的消费观念和消费水平的矛盾。对并不一定擅长处理这些关系的妈妈来说，这些矛盾更大影响着妈妈的情绪和整个家庭的和谐。

保护好妈妈的情绪

对妈妈来说，想要传递快乐不容易、妈妈必须先要拥有快乐，并且有传递快乐的能力。虽然妈妈的不快乐有很多客观原因，但不可否认的是，妈妈依然可以成为自己情绪的主人。

同时，正因为妈妈在孩子成长中独一无二的作用和影响，我们才更强调在有了两个孩子的时候，尤其是两个孩子相差在三岁以内时，因为两个孩子都处在离不开妈妈的年龄段，所以更需要家人的理解和支持。家人更好的照顾可以让妈妈的精力更多放在孩子身上。

了解一些基本的心理健康知识

第一，家庭角色不清。在家庭中，每个人都有自己的位置和责任，缺位还是代位都是角色不清，都会引起家庭的不平衡。

留守儿童并不仅指是农村父母出外打工家庭的孩子，不少家庭的现状同样是孩子出生不久就由祖辈抚养，父母的位置实际是由爷爷奶奶代替的。虽然家庭负担使妈妈们很难在家做全职妈妈，但实证研究发现，儿童和母亲在一起的“时间数量”与母子依恋的质量不存在直接关联，妈妈外出工作不会直接影响母子依恋。但如果父母们选择了完全由祖辈代替妈妈的位置，则会使孩子丧失与妈妈形成最初依恋的机会。

有相当多的父母认为孩子上学比较重要，才在孩子入学后将孩子接回身边抚养，但现在我们已经知道，对于孩子最为重要的，需要妈妈陪伴的其实反倒是学龄前。如果小时候的依恋和其他几个阶段都能顺利地完成它的阶段性任务，到上学后，其实孩子和家长都会相对轻松的。

但不管是什么原因让父母缺席了婴幼儿的成长，都是令人遗憾的。

第二，被迫的缺失。这是一个更追求个性、崇尚真爱的年代，从这个意义来讲，离婚率的提高也是社会进步带来的副产品，然而对于孩子，尤其是年幼的孩子，这却是一个难以避免的伤害，虽然父母都会尽量将对孩子的影响降到最低，但孩子还是被迫将面对父爱或母爱的缺失。毕竟孩子的成长是一个分分秒秒进行的过程，不可以跳跃式进行，我们可以隔几天吃一顿肉，但不能隔几天吃一顿饭，而父母之爱就是我们心灵成长必需的营养餐。

4 同样重要的爸爸

父母在教养中承担不同的分工

亲子真人秀《爸爸去哪儿》是个很红的节目，将一个个父子甜蜜互动的家庭故事展现在我们面前，同时也将父亲在孩子成长中重要作用的问题摆在了桌面上。

传统的中国家庭结构是“男主外，女主内”，社会和家庭对男性的要求也更侧重于“赚钱养家”，而对母亲则侧重于“相夫教子”，但这样的观念在现代的融合了西方思潮的时代背景下，往往成了被攻击的对象，这里面有对女性权利的争取，也有对家庭结构的挑战。然而，在传统家庭观念中历来就有“严父慈母”的说法，这说明在传统的中国式家庭中，父亲并不是不参与家庭教育的，而是在家庭教育中承担的分工不同。母亲更多承担的是对孩子的生活照料与感情教育，而父亲则承担着规则教育的角色。

虽然我们还没有开始讨论父亲对孩子成长的影响，但结合之前了解到的心理学知识，我们会发现这样的角色定位其实与孩子的成长需要不谋而合。孩子需要妈妈的情感联结更胜于规则教育，同时如果在父亲缺位的情况下，母亲既要承担慈母的角色，又要承担严父的责任，将会在孩子的心中产生冲突，并不利于这两部分教育的效果和母子的关系，对妈妈的心态也是一种压力。如果父母分别承担起自己的角色，则孩子会得到更平衡的教育，家庭关系也更合理化。

虽然这样的基本家庭结构是合理的，但父母角色责任的清晰并不意味着极端和绝对，并不是母亲完全不必对孩子有要求和管束，也不是父亲只要板着脸就可以。父子之间同样需要温情时刻，妈妈也应该在父亲为孩子树立规则的时候予以配合，而不是帮孩子偷偷逃脱责罚，上演“慈母多败儿”的戏码。

如果说在和母亲的情感依恋中，孩子获得对自己的确认，妈妈的认可是每个人对自己最基本、最深刻的接纳；那么父亲的积极态度则赋予孩子社会化层面的接纳与肯定，自信、自尊也是在这个过程中建立的。

父亲是“第三人”重要的开始

亲社会行为是指符合社会希望并对行为者本身无明显好处，而行为者却自觉自愿为他人或社会利益而为的行为。

父亲参与教养的程度对儿童“亲社会行为”有着显著和积极影响。很多理论和实证性研究都支持了这一结论。家庭这个社会最小单位是孩子成长的起点，孩子是通过父母认识自己和他人，进而了解人与人的关系乃至社会的。因为孩子是从与母亲一体开始他（她）生命旅程的，在逐渐分离的过程中，孩子要经过自己去探索但不时回头望向母亲获得安全和支持，然后再出发的阶段；也要经历说“不”，说“我要”的过程来确立自己有独立的意识和能力；孩子能够清晰知道“我”的存在，能够开始与妈妈开展“我”与“你”的对话时，就开始出现了“他”，或者说在孩子的世界里开始有了妈妈和自己以外的其他人。而在这所有的“第三人”中，父亲就是那最重要的开始。

父爱的特点

父亲对孩子的爱与母亲的爱相比有自己的特点，无论是从女性情感丰富、敏感的性别特征，还是从作为妈妈与孩子有十月怀胎、一朝分娩的深刻联结都决定了妈妈的爱更接近无条件的爱，当然某种程度上也可以说是无原则的爱。这里没有褒贬，只是说明区别。父亲的爱则更理性，有规则，孩子需要遵守一定的规则才可以得到父亲的认同，这也是父亲作为孩子规则教育者的原动力。

当孩子3岁左右时，你可以注意观察孩子，在受到母亲责罚的时候，他（她）会表现出委屈，而受到父亲责罚时则会表现为顺从或反抗，这种区别正好说明了孩子心中对父母不同的角色感受。

提高父子依恋关系的质量

父亲在孩子成长过程中不仅仅要给予经济上的支持，还需要花更多时间和孩子相处，建立规则与边界，才能有利于孩子的亲社会行为的发展，提高父子依恋关系的质量。现实中，与父亲关系良好的孩子心中会形成一个照料者可信赖、可依靠的印象，因此以后会持积极的态度和期待去接触其他人。而孩子的这种内在的对社会和他人的认可状态一旦建立，就会认为自己是值得被喜欢的，倾向于以积极的眼光看待自己和他人的关系，因此父亲依恋水平更高的孩子，长大会更自信，尤其是在与他人的关系和社会工作中表现更明显。当然，也有可能父亲本身就欠缺表达爱和提供帮助的能力，或者说缺乏亲社会性的父亲无法为儿童提供一个正向的、积极的对待他人和社会的模型，因此儿童可能模仿父亲的行为而出现较低的亲社会行为性，长大后可能在与他人关系和社会发展层面不够自信，缺少方法和能力。

如果孩子与父亲的关系是以亲密和信任为特征的，那么孩子就会建立积极的自我认知，对自己处理成长中的各种挑战的信心增强，也会降低出现问题行为的概率。反之，如果儿童将自己和父亲的关系视为是负性的，就更有可能通过表现出更多的行为问题来表达不满，也容易产生各种情绪问题。所以，在反社会性的人群中，与父亲关系恶劣的情况更具普遍性。

综上所述，父亲在以下几方面对孩子的成长有重要的影响作用，而有些是母亲单方面无法弥补的。

亲社会化自信

自信并不是一个陌生概念，我们每个人心中应该都有一个对自信的理解，这里我想对这个概念进行一个更细致的分析。如果说自信的人是一个相信自己的人，那么实际上在这个人的心中是有两部分相信的，一部分是自己无条件相信自己，不以自己的能力与外在条件为标准，而只是因为接纳自己所以相信自己；而另一部分的相信则是相信其他人也是接纳自己的，所以相信自己。

是不是发现这两部分划分非常熟悉？没错，这正好是父母分别给予我们的那部分自信。妈妈让我们自己更接纳自己，没有条件和理由，而父亲则向我们证明我们是符合标准的，是被认可的。并不是母亲完全不能给予我们这部分自信，而是妈妈在代替父亲给予我们这部分认可的同时将破坏妈妈角色给予我们的那一部分认可。

假设母亲给予了孩子适当的肯定和赞扬，如果父亲过于苛责、否定，只是要求孩子努力却不给予任何赞扬和肯定，则孩子会觉得自己不行，不够好，缺乏开拓的勇气和拼搏的动力，可能只能够在小范围内有所施展，很难突破。这也是之所以很多非常成功的父亲却往往培养不出可以继承他衣钵的儿子，父亲太过能干又不懂得接受孩子成长的过程，只是一味高标准鞭策，反而打压了孩子对自己的认可，内心就确定了自己永远不行，永远不如父亲，连尝试的勇气也没有。

而如果与父亲的互动很少，也没有所谓认可或否定，则孩子很可能因为缺少标准化的要求而盲目自信，有自恋的倾向。如果妈妈的肯定再有夸大倾向，则这种情况更明显。此类现象也很常见，在一些妈妈承担着绝大部分养育与教育的家庭，如果妈妈再有些溺爱，则孩子往往都有自恋的表现。反之，妈妈如果是严厉、苛责的，孩子就可能朝自卑的方向发展，这也是一个“重男轻女”的妈妈比一个“重男轻女”的爸爸更伤害女儿的原因。

性别认同

性别认同是指孩子对自身性别的正确认识，这一点不难理解，无论是男孩还是女孩，都会因为父亲参与教养程度的提高而更准确地认识自己的性别身份，并且形成更明显的性别发展。一方面男孩可以通过模仿获取男性的身份特征，另一方面通过和父母不同的互动，孩子在比较中更明确自己的性别角色。虽然现实中男性女性化或女性男性化的个体并不一定都是这一个原因导致的，但至少这是其中一个因素。

生活中父母也会发现，父亲陪伴多的孩子，尤其是男孩会更具有探索精神，愿意尝试，更擅于工具的使用等。

据WHO（世界卫生组织）估计，大约有20%的儿童在成年之前会出现情绪或行为问题，如不及时干预，可能发展成为心理障碍或疾病。同时，行为问题儿童的生活质量在多个方面显著低于正常儿童，将严重影响儿童的身心健康发育。

父亲的关心需要适度，要么不参与孩子的教养，要么过度关心都会影响孩子的行为。过度关心孩子的父亲常常表现为溺爱或高强度的控制。在这种气氛中长大的孩子，容易任性、娇惯，一方面缺乏独立性和自控能力，表现出较多的过失行为，另一方面他们也缺乏对公正的理解，可能会表现出飞扬跋扈、不能忍受挫折等行为。而父亲的控制中，如果惩罚过多，会使孩子感到自己总是错误的，不能被接受的，从而逐渐变得退缩，产生抑郁情绪；但如果拒绝过多，则不但导致孩子的挫折感，父亲的榜样作用也会使他们在学校以相同的态度对待别人。

其实父亲和孩子玩的游戏往往与母亲和孩子常玩的游戏不同，带孩子打球，做点拆拆装装的家务，包括和孩子“对打”，尤其是男孩子会从中收获很多快乐和实践的机会，同时也增进了父子的感情。如果从小父母都能较多和孩子一起做游戏或活动，增进情感和交流，不主观对待孩子，而是多体会孩子的需要，就不必担心孩子在青春期的时候会出现较大问题。

两个孩子会使家庭互动更丰富，如果父母能够在工作之余真正投身于孩子中间，全家一起完成一些家庭计划，包括大扫除、野炊、自由的活动或游戏，父母可以从疲惫的工作中暂时抽身和孩子共享天伦之乐，孩子也可以从更多的和家人相处中收获更多。

所以我们要有一个理念，没有哪个孩子希望脱离父母，误入歧途，但如果正常的道路太“难”走才可能走偏，如果这个“难”是环境所致，无能为力，我们只能感叹命运，但如果是因为父母没有把握好爱的度和方法，则是非常可悲的。

5 每个阶段父母都要怎么做

妈妈与婴儿互动的三个层面

每个人提起家都会产生不同的联想，其中最为深刻的是情感，这些与家人互动中产生的情感将会跟随我们一生。妈妈和爸爸对我们的影响决不仅仅是那些谆谆教导，更重要的是连他们自己都没有觉察到的点点滴滴。

在妈妈与孩子的依恋形成过程中，妈妈与婴儿的互动会在三个层面展开：

宏观层面是母爱的层面。一般的母亲都没有问题，自信的、慈爱的、快乐的、同情的、理解的妈妈会将这些爱的品质传递给孩子并内化成孩子的一部分。

微观层面是体态的互动。这比“母爱”更具体，它是指目光的注视，在游戏和接触中的抚摸和触碰，相互的语言交流，虽然一方是咿呀之语，但同样可以互动，可以传达微妙的情感，亲吻、凝视、表情，这一切非常具体的动作都促进着爱的表达和传递。

第三个层面是神经心理学层面。这个层面目前还只是科学家们研究的领域，但它是前两个层面的延伸。当我们在前两个层面与孩子形成互动后，孩子的大脑在发育过程中就会根据我们给予孩子的回应情况形成脑神经突触，并不断修复与完善，这是孩子大脑的发展，也是父母用自己的回应形成孩子大脑输入信息和处理信息能力的作用。就如同孩子在第一个月的身体发育一样，这个过程也是非常迅速的，所以在孩子四五个月时这种能力已经大范围形成。

亲子依恋关系的形成最重要的时间段是在学龄前，下面我们就来分阶段看看这个依恋关系形成的步骤，以及每个阶段父母都应该怎么做。

0~3 个月：前依恋期

这个阶段婴儿总是在睡觉，但如果他 (她) 醒了，会对所有人都做出反应，因为他 (她) 还不能将他们进行区分。这期间他 (她) 看见或听见任何人的声音都会向声音的方向转去，并对其发出微笑和咿呀的婴儿语，所以如果你觉得他 (她) 是在有目标地对你笑，那就是典型的“自作多情”了。这时孩子需要一切积极的回应，所以我们应该不必有任何顾虑地及时回应他 (她)，所有这些积极的回应都会帮助孩子的大脑发育，形成有利于孩子在社交环境的信息处理能力，也为依恋关系的形成打下良好基础。

此时婴儿分不清爸爸和妈妈，只是对熟悉的妈妈的味道和乳房情有独钟，显然妈妈是积极回应、正确理解孩子的主角，但爸爸也应该积极加入照顾孩子的行列，让孩子感受爸爸的味道，同时也是对妈妈最好的支持和理解。

3～7 个月：依恋关系建立期

这个时期，婴儿对母亲或其他照顾者的反应越来越频繁，对陌生人有反应但不明显。婴儿在熟悉的人面前表现出更多的微笑、啼哭和咿咿呀呀，情绪状态也更加放松。

孩子醒着的时间逐渐增加，表情逐渐丰富，除了需要及时的喂食和换尿布，他（她）又有了更多的情感交流的需求。妈妈必须经常和他（她）通过凝视、抚摸、拥抱和亲吻来互动，也可以拿一些色彩鲜艳的图片给他（她）讲讲，不要以为孩子不懂，只是他（她）懂得不是我们所理解的那部分而已。其实，这个阶段孩子已经越来越好玩了，爸爸们也要加油！

7 个月～2岁：依恋关系明确期

7个月左右开始，小婴儿对自己的反应更具选择性，也开始“认生”，在陌生人身边就会感到惶恐不安，觉得只有在熟悉的人身边才是安全的，同时出现分离焦虑。所以，“认生”只是孩子成长的一个阶段性标志，说明孩子已经具备了分辨抚养者与陌生人的能力，而不再是对谁都微笑了。

孩子1岁左右时，依恋关系已经基本形成，我们可以观察一下自己的宝宝，当妈妈离开几分钟再回来时，他（她）会怎么做？看看他（她）的目光可以和妈妈对视吗？他（她）要求妈妈抱起时会和妈妈形成怎样体态的拥抱，紧密与否？他（她）会将自己的手掌放在哪里？他（她）是否会完全帖服于妈妈的身体？如果在这些细节的观察中，我们发现了一些非安全依恋的苗头，也不必着急，此刻我们正好可以及时调整自己之前对待孩子的方式，也许我们忽略了什么，或者还是经常陷入误解孩子需要的状态，但无论怎样，这都是给我们改变的机会。

1岁之后，孩子开始学习走路，扩展了探索的空间，开始学说话，从简单的图像化的思维向概念、意义的理解发展。此时我们需要鼓励和支持他（她）的每一次探索和尝试，并在起点等着他（她）回来，因为幼小的他（她）只够勇气迈出去几步，很快他（她）需要回来“充电”，此时妈妈就是他们的“安全基地”，充好电再出发，如此反复，信心、能力、信任、安全……一切都在慢慢成长。

在1岁多快到两岁的这段时间里，依恋关系已经基本明确，孩子形成了与妈妈互动的情感及回应的方式。任何一位妈妈都会有犯错、误解孩子的情况，在这个阶段，孩子开始慢慢整合正确回应的妈妈和错误回应的妈妈，认识到原来她是同一个人，这是孩子又一个里程碑式的时期。他（她）需要独立去探索，于是他（她）要和妈妈疏远，但他（她）又需要不时回头张望妈妈是否还在那里。他（她）常常不允许你抛下他（她）独自玩耍，但他（她）又不希望总是腻在你的怀抱，当把这许多矛盾整合完成，孩子就成功地度过了他（她）人生的第一个重要冲突期。

这个阶段对妈妈来说最重要的是保持情绪的稳定，不要因为孩子在冲突中的反复无常产生不耐烦的情绪。孩子越是在矛盾冲突的时候，越需要妈妈给予更多的共情和理解。无论孩子怎样，妈妈就在那里，等他（她）回来，给他（她）拥抱，再目送他（她）去进行下一次独立的尝试！

此时孩子的能力还不能理解“爸爸”的全部意义，但他（她）已经能够隐约感觉到爸爸带给他（她）的不一般的感觉。所以爸爸们不要心急，不必急于争取孩子的特别对待，只要耐心陪伴他（她）和妈妈。尤其是两个孩子年龄相差不多的时候，在妈妈照顾小宝时，爸爸要代替妈妈坚守在陪伴大宝的岗位上，看到他（她）的每一次进步都请在孩子的“成绩册”上记上一笔。

2岁以后～3岁：目标调整的伙伴关系

两岁以后，孩子逐渐能够对母亲或其照顾者的行为进行推断，他（她）可以认识到母亲的离开是暂时的，并开始有了“我”和“你”的概念，也就可以和妈妈建立起双边的人际关系了。当然这种能够认识到母亲离开是暂时的，也是一个反反复复的过程。

妈妈可以从孩子6个月起就开始和他（她）玩躲猫猫的游戏，每次离开都告诉孩子并且及时回来给孩子安慰，孩子的每次哭泣都是因为看不到妈妈而担心和害怕，妈妈的每一次安慰都能让孩子一次次通过实践真切地感受到妈妈还会回来，于是这种不安全的感觉就会慢慢变淡，从而孩子也能够更好地适应以后上幼儿园、上学乃至其他分离。

这个阶段爸爸已经越来越重要了，因为爸爸可以和孩子玩更刺激、有创意、特别的游戏。而且在和爸爸一起玩耍时，整个家庭都会充满和谐的氛围，全家人都很开心，即使是没有参与游戏的妈妈也会有幸福的感觉，这当然也会让敏感的孩子们感受到。

3～6岁：幼儿期的三角关系

3岁不仅是孩子有能力克服分离焦虑，每天可以离开妈妈去上幼儿园的关键时间节点，也是在“我”“你”之外加入“他”的关键时间节点。孩子开始第一次对性别有了初步的兴趣和认识，开始知道自己和爸爸都是男生，或者和妈妈一样是女生，爸爸作为“他”正式出现在了孩子的心中。此时对孩子来说，家庭从“我—你”的双边关系发展到了“我—你—他”的三角关系。

当然这时也是父亲影响孩子的关键时期，正是因为有了对性别的初步认识，有了对爸爸独特性的感知，才让家庭以三角关系呈现在孩子的世界里，这也就意味着这个阶段会形成孩子人际交往能力的基础和对婚姻家庭认识的基础。爸爸和妈妈是孩子最初知道的男人和女人，父母的关系也是孩子最早知道的夫妻和家庭的样子。所以在这个三角关系中，孩子与妈妈的关系是一条边，与爸爸的关系是一条边，而爸爸妈妈的关系是第三条边。

孩子与妈妈关系的这条边是之前关系的延续。新加进来的孩子与爸爸关系的这条边主要影响着孩子的社会化能力，包括形成人际交往能力，感受规则，建立道德、自信、勇气等优良品质的形成。而另一条新加进来的爸爸妈妈的关系这条边将影响着孩子对婚姻和家庭的理解与感受，给孩子关于羞耻、内疚、嫉妒等丰富情感的体验。

所以在这个阶段，爸爸妈妈除了感受和回应孩子，分别建立好与孩子的互动关系外，保持和谐的家庭气氛、亲密的夫妻关系也同样重要。在对心理健康、有所成就的人进行的调查中发现，他们的父母间普遍存在着良好的情感联结。所以，即使父母间存在性情差异，也要彼此尊重、支持，即使有时在养育孩子的问题上可能意见相左，也要能够彼此妥协。

有两个孩子时的兼顾

在上述的各个时间段，爸爸妈妈应该如何应对，应该承担起什么角色都有一般规律。当我们有了两个孩子时，就要同时兼顾两个孩子，掌握孩子们分别处于什么阶段，最应该注意哪一部分。但这还远远不够，每个孩子都很特别，有他（她）自己特有的气质，需要我们先感受孩子再采取合适的应对。

更为重要的是，要一直保留分别和两个孩子单独相处的时间，尤其是妈妈，要创造只属于母子两个人的十分亲密的时光。其实每天给每个孩子独处的时间可以只有十分钟，妈妈放下周遭所有的事情只关注眼前这个孩子，亲吻拥抱，好好地疼爱他（她）。如果妈妈能够这样做，那么每个孩子心里都会很踏实，孩子的心理安定之后就会减少给妈妈添麻烦。当然，最好爸爸也能够创造这样有爱的时光！

6 教育分歧与隔代抚养

有分歧是因为大家都关心

其实存在教育分歧的家庭至少说明有不止一个人关心孩子的成长和教育问题，而有分歧也是非常正常的现象，关键是家庭会如何对待分歧，这又将会如何影响孩子，是否能够实现我们教育的初衷。

【案例36】

小明今年10岁，爸爸是企业员工，妈妈是公交车司机。妈妈每天工作很忙碌，教育小明的任务一多半由爸爸来完成。小明的妈妈是一位性格温和的女性，在教育方面主张儿子自由成长。然而小明爸爸不这么认为，他主张“不打不成器”，在这种思想支配下，小明有一些毛病，做错了事，或者考试成绩不理想时，便免不了被爸爸打一顿。时间长了，小明非常害怕爸爸，只要爸爸在家，他就感觉惶惶不安。小明的妈妈看到儿子这种心理状态很是着急，尽管曾经试图参与对儿子的教育，但是爸爸却经常否定妻子的教育方法。

【案例37】

5岁的童童和爷爷、奶奶、爸爸、妈妈一起生活。爷爷和奶奶都已经退休在家颐养天年，而妈妈和奶奶相处得并不是很好，经常会为家庭琐事产生矛盾，而矛盾的焦点恰恰就聚集在对童童的教育上面。看到妻子对母亲的不恭敬，童童的爸爸气在心上，虽然也曾经私下里和妻子沟通过，但是效果甚微，时间长了，童童的爸爸便在心里对妻子产生了怨气和指责。童童的妈妈也因夫妻关系的裂痕更加消极地面对公婆。在这种家庭环境下，两代人在教育观念和方法上的冲突更严重了，而童童妈教育童童的心态和方法也就越发偏激起来，比如严禁童童和爷爷、奶奶接近，不准童童要爷爷、奶奶买的玩具，不准吃爷爷、奶奶买的零食等。

以上两个案例反映出的问题可能在很多家庭都存在，只是表现的具体细节略有不同，【案例36】中夫妻间的教育分歧相对简单，因为毕竟主要是夫妻二人的问题，而【案例37】中却卷入了老人，于是问题成为几乎成为全家人的问题。

确定哪种教育方法好并不难

教育分歧起因于教育理念的不同，然而没有任何一种教育理念是放之四海而皆准的真理，所以公说公有理，婆说婆有理，很难单从理念本身分出对错，说服对方。而且教育本身涉及太多方面，也没有具体的可执行和操作的守则，即便是相似的教育理念下也有可能在具体执行时出现分歧。

然而让分歧越来越大，开始争吵、斗气、影响夫妻关系，甚至向各执一词、各行其是方向发展的核心原因却是，当分歧出现后，试图通过争论解决未果时，分歧的双方被情绪所控，已经不再是为了怎样教育孩子最好而争论，而更多是为了证明自己是正确的。

如果将问题简单化，确定哪种教育方法更好并不难。

当分歧出现时，父母两人可以找个时间充分地聊聊这件事，如果这个分歧是实质性的，夫妻两人可以共同确定一个彼此都能接受的标准。可以参考一些相关的教育工作者对两种意见的评判；或者与一些朋友讨论取得一些意见和建议；而最为直接的方式是可以协商确定一个实验计划，分别以两种方式实行，看在孩子身上哪种方式收到更好的效果。

安排一段时间，在这段时间里，一方充分观察另一方，当有争议的那个情景发生的时候也不去打断，不做评论，只是观察，要细致注意事情开始的时候发生了什么？对方到底做了什么？孩子是如何回应的？过后孩子的行为上产生了什么后果？在这种互动进行的过程中，观察者要时时警告自己调整情绪。然后双方都说一下各自在这个互动中注意到什么，要注意细节，包括观察者的情绪。比较好的方式是让与孩子互动的一方先谈，他（她）试图做什么，效果如何，而不是争辩谁对谁错。然后选择当天的另一个时段重复上述过程，不同的是，先与孩子互动的一方改为观察者，由另一方与孩子互动，之后再详述过程。叙述时，双方都不做批评性评论，也许在这之后对怎样做对孩子更好就可以更清楚些。

在这之后也同样可以向朋友、育儿专业人士和其他相关的人咨询，在夫妻双方都在场的时候，寻找解决分歧的方法。

但这所有的前提是，大家都彼此尊重对方的意见，体谅对方也是为了孩子好的出发点，将这样的分歧只停留在对一个问题的看法层面，而不是夸大它，引出更为复杂的情绪与伤害。

父母要有判断教育成效的能力

对于【案例36】，即便是心理工作者也不能绝对地说“棍棒底下出孝子”是错误的，是一定会失败的，我们更多应该在棍棒到什么程度，对待什么样的孩子用棍棒等角度去理解这个问题。现实中也的确不乏在棍棒下成长起来的孩子取得了一些成就的例子，当然也有相当多的反例，所以只是用例举法并不足以证明什么。

一方面如果我们选择了用严苛的方式让孩子更优秀，则必然会牺牲孩子的一部分自主性和快乐，但究竟要牺牲多少才是父母应该衡量的。我们的孩子是什么样的性格或特质只有我们最了解，有些孩子确实自觉性差，毅力也不足，在鞭策下也许会更好；而有的孩子则可能是“宁为玉碎，不为瓦全”的性格，他们也许会在高压下走向偏激。所以，判断角度不唯一，但标准其实是唯一的，就是——怎么样才能真正让孩子好。

这就引出了下一个重要的问题，作为父母，我们必须有客观的衡量教育成效的能力。如果因为用了自己的方法，就说成效好，却看不到不良影响的一面，甚至偏颇地夸大收效，就会让我们走上了“证明自己是对的”的歧途，而不是真的在为孩子好而谈教育。

培养客观评价和判断的能力，首先需要学习，做父母本就是一门学问，如此复杂还没有岗前培训，难道我们不应该补充一些科学的营养吗！接着，我们必须时刻提醒自己，不要想当然或先入为主，要多听取别人的意见，尤其是寻求一些专业人士的支持和帮助。当然，这整个过程我们都是在提升自己的教育能力，而不是迷信任何人，我们要去感受孩子，其实答案就在孩子那里。孩子幸福吗？孩子取得了学业的进步吗？孩子的身心健康吗？孩子与家庭的关系怎么样？孩子和你亲密无间，还是基本无话可说？这样思考后难道答案还不明显吗？

当然，如果我们确实没有这份觉知，没有这份客观的判断能力，那么就提醒自己不要太坚持己见，记住，这很可能不是有原则而只是固执。

另一方面来说，夫妻争执不下，很有可能也映射出夫妻关系本身的问题，有时可能根本就不是教育的事，我们实际上是在通过教育我们共同的孩子争夺婚姻中的权利。当然，这是个不易被我们觉察的内在原因，但是也不是完全无迹可寻，既然今天我们知道有这样的可能，不妨体验一下自己最真实的感受和需要，有可能让自己、爱人和孩子都受益。

必须面对的隔代教养问题

【案例37】因为牵涉到了老人，使问题相对复杂，权利之争的味道也更浓了。老人要证明“这是我的孙子，我有权利教育”，妈妈要证明“这是我的孩子，我更有权利教育”，这一点从最后妈妈偏激到不允许孩子接受爷爷奶奶的玩具和食品明显地呈现了出来，这同时也说明，这场教育纷争早已脱离了正常的轨道。

在妈妈与爷爷奶奶的斗争中，爸爸又以站在爷爷奶奶一边的方式将问题激化，而且爸爸选择站在哪一边的标准也与教育无关，而是出于不满妻子对自己父母的态度。案例中的每个角色都在想着自己的感受，却没有谁真正在考虑如何才是对孩子和家庭最好的选择。

隔代教养已经是当代非常普遍的社会现象，父母也确实有太多原因需要老人的支持与帮助。所以，类似这样的教育分歧和教养问题也是我们不得不面对的。

明确由谁来承担主要教育责任

那么正确的做法是什么呢？在这样相对有老人介入的家庭环境中，首当其冲要解决的是明确主要教育的责任由谁来承担。如果孩子基本由老人抚养，则父母不要过多表达自己是“亲爹亲妈”的立场，因为你在没有承担抚养责任的同时其实已经放弃了教育的权利，你不能要求老人在需要照顾孩子的时候出现，而需要教育孩子的时候离开，更无法要求老人每天在施行的教育方式在你来的这一天改变。这不仅是对老人付出的尊重，同样也是教育的需要，在一个相对统一一致的教育理念下至少孩子是有规则的，偶尔出现一次，挑战一下原有的教育方式并不能改变什么，反倒会形成不确定、不稳定的隐患让孩子无所适从。

如果父母可以承担起主要的抚养责任，父母必须先达成对教育的一致意见，再根据家庭的实际情况，决定是否有必要开个家庭会议，明确由父母来承担对孩子教育的主要责任。当然对很多家庭这并不容易实现，那也不必强求形式，只要父母两人能达成意见的一致，用行动承担起照顾和教育孩子的责任，其实老人是不会强求的，毕竟父母才是孩子的直接责任人，本就不应转嫁这份责任。虽然很多老人愿意照顾孙辈，对孙辈的疼爱甚至超过对自己孩子的疼爱，但这也不能成为父母推卸教养责任的理由。

当家庭里逐渐明确了主要教育责任人的时候，其他人才能够从配合的角度出发，为孩子创造一个相对一致的教育环境。但这也不表示主要责任人就可以独断专行，无论是出于对家庭和谐还是孩子教育效果的考量，夫妻都有必要共同和老人商量，多交流沟通，达成共识，如果确实还有不一致的部分，父母至少要保持一致的教育，并适当尊重老人的教育方式。其实，孩子不管多大，都能够把握与每个人的互动关系，父母一致的教育和对待才是形成孩子核心人格的互动，而爷爷奶奶的这部分略有不同的依恋会让孩子丰富与他人相处的关系和方法。所以，对孩子伤害最大的是父母的不一致，或者父母中有人推卸责任，不参与教育和陪伴。

用动情的方式与老人沟通

作为一家人，父母应该少用说理，多用动情的方式和老人沟通，或者不必刻意谈教育的理念和大道理，只是多关心老人，老人一定会愿意支持自己的孩子教育好他们的孩子。当我们都放下自己要争夺的心，才更有可能达成共识，至少不至于让它扩大化，伤害感情。

当然，这些道理很浅显，真正困难的是夫妻二人自己能不能达成一致，如果夫妻自己都不能达成一致，那么想要解决与老人的分歧是没有基础的；与老人的沟通当然也是难点，常见的情况是我们没有能够体谅老人的心理，一味强调自己的权利。即使老人愿意照顾孙辈，但总还是多少有些为子女提供帮助的心态，所以如果没有考虑到老人的这部分心理状况，而只是强调自己是孩子的父母，有教育的权利，并质疑或否定老人的教育方法，就必然会引起老人的反弹。就如同和孩子互动一样，如果我们能更理解对方的需要，才能给予更合适的回应，也才能实现真正的沟通。

7 夫妻间相互支持的法则

期待在养育孩子的过程中彼此更相爱

我们作为父母都爱自己的孩子，对孩子的爱往往是我们一生中所体验到的最深重的感情，我们不一定经常能够把这种感情表达出来，但是这种爱肯定在我们的生活中有着巨大的影响。我们与孩子的宝贵关系的中心是我们和他们一起娱乐、交流和休息的时光，可是父母能与孩子共享天伦之乐的时间总是不够，尽管我们都渴望有更多的时间和他们在一起。

没有充足的时间和孩子在一起并不是父母的错，在我们的社会里，父母需要的付出被远远低估和误解了，大多数父母都期望能致力于小家庭中的温暖和亲密的关系，却发现自己承担的种种职责已占去个人的几乎全部时间，超负荷的工作使父母难得与孩子在一起。父母们费尽心力维护家庭生活，但是还是缺少方法又难以获得帮助。我们要解决的最大危机是父母如何从养育子女的努力中得到快乐，而不是总在担心失败和情绪烦躁中度日。

育儿过程中的夫妻满怀希望和欢乐，欢迎孩子进入我们的生活，我们期盼去爱孩子，而且期望在养育孩子的过程中彼此相爱。彼此相爱经常是我们作为夫妻给予对方的最大承诺，然而这个保持相爱的承诺肯定至少有时候会因为压力和紧张而难以兑现！当生活的重担，养育孩子的责任，一桩桩一件件压在我们身上时，我们还能够如恋爱时那般给予对方欣赏和支持吗？这并不像我们当初想得那么容易做到！

每对父母都有无法控制情绪的时刻

我们的社会传统为父母划分了在育儿方面扮演的角色，或者出外挣钱养家，或者留在家里照顾孩子；或者负责给孩子换尿布，或者负责管束孩子。这些固定在父亲和母亲身上的角色让夫妻双方都觉得受限于传统的角色期待，希望有更多的选择。然而由于缺乏沟通方式和方法，在孩子出生之前就已存在的夫妻关系问题，会由于孩子的出生所带来的新的责任而升级强化。我们每个人的成长过程中，都在学校里学习了很多东西，但总的来说，彼此沟通和人际关系的建设，这些对身为父母的我们至关重要的技巧却不在其中。

每对父母都遇到过无法控制情绪的时刻，当小家伙一再做出令我们难以接受的行为时，我们内心的那个情绪雷区就会被引爆。这个时刻好像是不可避免的，但是如果父母有机会将心中的情绪向他人倾诉，或者至少彼此互相倾诉，那么当孩子再次无理取闹的时候，爸爸妈妈就更有可能贴近孩子的感受，经过思考后再给孩子回应，而不是冲动地在情绪支配下回应孩子。

孩子时常有不理性的举动，那是他们在试图释放紧张情绪，他们会在尽情大笑或尽情大哭的时候释放自己的情绪，对孩子来说这就意味着清理情绪垃圾和康复，然而对父母来说，这却是触发他们尚未察觉的强大情绪的导火索。所以作为父母，我们往往会对孩子以哭、发脾气、笑来消解紧张的行为产生强烈的反感，这些负面的情绪还会转发到孩子或爱人的身上，而这种转发会让我们离自己深爱的人越来越远。

父母双方彼此找茬

如此一段时间，身心俱疲的情况下，夫妻两人都对照看孩子感到烦心时，我们就会彼此找茬，而不是承认自己的态度有偏差，因为我们都不能面对否定自己的感觉，也不愿意承认在抚养孩子上我们是多么无助。这种在最亲近的人身上找茬的倾向，会在找茬与被找茬的两人身上同时激发出优越感和自卑感两种感受，但不管是哪种感受都会导致双方无法相互交流和互相帮助。

在抚育孩子的过程中，夫妻之间的紧张情绪来自很多方面，但是婚前甚至育前都没有人告诉我们该做什么准备，尤其是关于如何处理这些情绪的准备。虽然这些情绪是可预测的，但我们事先却几乎没有得到过警告，在应对它们时能得到的帮助更是微乎其微。由于社会对父母的帮助微乎其微，所以我们只能在老人那寻求帮助，但老人的介入却让家庭关系和教育变得更为复杂。

我们既然承担了教养的责任，也就要处理好这些压力与情绪，虽然采取如下的任一步骤都不太容易，但是这些做法可以帮助身为父母的夫妻们改进配合与合作。

定期分享夫妻对彼此的赞赏

尝试每晚睡前安排一次成功和欣赏的小对话，夫妻双方各自都有几分钟的时间描述一下当天所做过的那些让自己感到骄傲的事，可以是工作上的收获，可以是孩子的进步，也可以是自己的感悟和体会；再说说自己对对方的心里话，这个过程中不允许打断、纠正、提出异议！

在家庭中，如果孩子们有语言表达能力，这样的对话就可以扩大到孩子身上，一些家庭已经习惯于在晚餐时间进行这样的对话，每个人都可以表达和被欣赏，同时每个人都不去否定和打断其他人。

定期安排一段夫妻独享的时间

夫妻双方需要有时间在不受孩子干扰，也不像平常那样劳累以至筋疲力尽的情况下彼此欣赏欣赏，相互交流交流。这时完全可以求助于老人，或者有可能的话，与另一对有同样需求的父母交替照顾孩子，这样大家都有机会可以离开几个小时。

提意见前先赞扬的策略

夫妻两人可以设定这样一项政策，当向对方提出意见时，任何一方都必须在提出一条纠正意见之前先提出五条赞赏性的评论。不要觉得这是虚伪和矫情，在不为对方的努力表示欣赏的情况下，即使是好意提出的纠正意见也只会引起反弹，不被对方理会，令对方心生委屈和烦恼。

还要把纠正意见留到对方情绪稳定的时候再说，让对方选择是否要听取你的想法，例如可以这样开始“对于你作息时间的安排，我有个想法，如果你愿意听的话……”，当然，这做起来很难，但当我们急迫地想要给出建议时我们通常在语气中带着刺激、担心，或者贬低的味道，这将破坏我们真正希望传递的信息。而且，在谈论更重要的事情之前对我们最有帮助的做法是，先找到一个人，用十到十五分钟倾诉你的担忧和紧迫感。这样，在你去找另一半谈话之前，你自己的情绪已经消减了大半，不会在提意见的时候由于情绪而破坏效果。

找个好的倾听者

如前所述，当两人有分歧时，通常真正的问题不在养育的方式，而在于夫妻双方所承受的紧张情绪。处于紧张情绪之中时，我们对孩子的反应是不恰当的，这种情况下双方可以一起来想一个减轻和释放紧张情绪的方法，而不是争论事情应该怎样做。因为在紧张情绪之下，对孩子和任何其他人来说我们都不可能是充满爱的、宽容的那个原来的自己。注意体会一下，什么时候你会对你的另一半感到特别烦躁，这些烦躁的坏情绪时刻，都不是你做出明智决定的好时机。找个人当你的倾听者，同时也鼓励你的爱人这么做，通过这个渠道处理掉那些紧紧缠绕在你们的关系和抚育孩子中的所有的坏情绪。

每对父母都需要来自外界的帮助，每对父母都曾经发觉他们自己处于情感困难时期，如果能够顺利度过这些时期，我们就能相互理解，并改变我们对对方的不切实际的期望。这是一个突破，一个真正的突破，但它需要我们能够处理自己的坏情绪，而不是把这些情绪归咎于对方。

依恋理论中已经介绍过，基本上我们的坏情绪来自于我们早年的经历，它们干扰着我们目前的人际关系，直到我们通过某种方式重新解读我们的故事，重新面对我们的人生经历。我们必须通过消除那些过往的紧张情绪，进而消除它们带给我们自己的影响，然后再轻装上阵，就会发现我们与爱人、孩子的关系并没有那么难处。

其实也可以接受争吵

夫妻相处也要有能力接受时不时必要的争吵。工作更辛苦的时候，两个孩子的育儿压力更大的时候，感受到孤独和被冷落的时候，不可避免会迁怒于爱人，使夫妻关系紧张起来。

一次充分的争吵可以缓解这种紧张，但是在争吵中，双方心中都要明确一点，争吵的目的是力争去理解对方和被对方理解，而不是要赢过对方。实际上大声的争论能够产生一种放松的感觉，但这样的大声和这背后的紧张气氛会吓到孩子，所以应该找其他的地方和时间，也不要让家里其他人听到，这很重要，可以避免争吵带来的副产品。

在争吵中要保证公平争吵的原则，不要攻击对方的性格，不要做明确的声明，可以哭泣和发脾气，但是当同样的抱怨第三次出现时就意味着你们已没什么可争的了，可以停止争吵。

婚姻是家庭的基础，父母是家庭的核心，作为成年人，我们需要承担的压力的确有点多，但家庭的责任却是不可推卸的，而且在这些付出背后都有无与伦比的幸福等待着我们。

小结：

家庭是一个整体，虽然暗流涌动，但说到底，每个人的目标都是一致的，为了孩子，为了未来，为了幸福！我们需要理智看待，智慧解决，温情互动。别忘了，有些责任可以是疲惫，也可以是甜蜜的负担；有些分歧可以是矛盾，也可以是沟通和突破的契机。愿每个家庭都能智慧地创造出属于自己的幸福生活！

CHAPTER 7

好家庭有好规矩

1 好榜样的力量

俗话说："国有国法，家有家规"，"家规"在崇尚自由、民主的现代家庭中依然发挥着它的重要作用，它是一个家庭的风格，是一家人处世的态度，也是孩子成长的规范。

我们都是孩子的榜样

我们不缺乏榜样，也从来对榜样的力量不陌生。

然而并不是高高在上的道德楷模，叱咤风云的英雄伟人才能成为榜样，其实你和我，每一个普通人都会成为榜样——我们自己孩子的榜样。

要谈榜样为什么有力量，为什么有可能影响和改变一个人，就不得不谈学习对一个人的价值和意义。孩子从一出生就会模仿、学习，学习是人与生俱来的能力，通过模仿和学习，孩子不仅可以学会各种技能，更好地了解他周围的世界，获得许多认知经验，还可以在模仿的过程中得到许多愉悦的感受。

曾经有家长咨询"我的孩子为什么总是说怎么办？怎么办？难道孩子这么小就有很多困难吗？"于是我问她平时家里

有人喜欢说“怎么办”吗，她愣了一下，突然恍然大悟地说：“我总习惯说‘怎么办’，原来孩子是学我呀！”

孩子接触其他人之前都是和父母在一起的，所以父母是他们的第一榜样，也是第一老师。这两者的区别是，榜样是以身作则，老师是谆谆教导。

这就意味着我们对孩子的教育和影响其实是无时无刻不在进行的，并不是我们主动去回应孩子、引导孩子才是教育，我们自己就是教育。那么孩子的模仿和学习有什么规律可循呢？我们又可以有哪些借鉴呢？

“波波玩偶实验”

这里为大家介绍一个关于学习理论的“波波玩偶实验”，实验中心理学家将4~6岁的儿童分为三组，让他们分别观看成年人攻击玩偶的影片，第一组孩子看到的结尾是攻击者受到了褒奖；第二组看到的结尾是攻击者受到了惩罚；而第三组的结尾则没有对攻击者有任何评价。之后将这三组儿童带到放着同样玩偶的房间，观察发现，三个组都有与影片中类似的攻击行为，但第一组的最多，第二组的最少，第三组居中。

实验的第二部分是将男孩与女孩分组，在观看了男性和女性的榜样行为后，发现孩子们更愿意模仿同性榜样的行为。

这个实验非常清晰地为我们呈现了孩子与榜样的关系。

第一，无论“榜样”是被奖还是受罚，孩子都已经通过学习习得了榜样的行为。这一点对我们的启示是，如果是不希望孩子习得的行为，最好就不要出现在孩子的经历中，否则他（她）一定能学会。比如，我们不希望孩子吸烟或者说脏话，那么最安全的方法是家人也不这样做，甚至让孩子尽量少接触这样的人，当然，很明显这不可避免，就算家人都可以做到，也保证不了其他人，那么我们需要看看第二点启示。

第二，看到攻击者被罚的小组儿童表现出更少的攻击行为，被奖的小组儿童则表现出更多的攻击行为，这说明孩子们学习的本身没有对错的价值判断，价值判断是在其他人对这个行为的评价中形成的。所以，某个行为是被肯定还是被否定才会在孩子心目中形成他们的价值判断和是非标准。这也就意味着父母可以将自己的标准通过对各种事务的肯定与否传递给孩子，形成孩子的是非观。这样做也可以影响一些行为是否会被孩子真正“习得”，这是指虽然孩子学会了某些行为，但有一部分孩子会因为被否定而放弃实行这个行为，也就等于没有学会。那么在刚才的例子中，如果我们无法避免孩子还是会接触到吸烟或说脏话的人，则父母要从一开始就用否定的态度给予回应，使孩子不接受这个行为，甚至以此为耻，这也就是耻感建立的过程。

大宝的榜样作用

引申开来，当哥哥（姐姐）做了好榜样，我们当着弟弟（妹妹) 的面赞扬他 (她)，一方面让大宝受到积极的强化，树立他 (她) 在小宝心中的榜样作用，使大宝更愿意重复这个被赞扬的行为，同时也能让小宝自然学习这个行为，因为这是会被赞扬的榜样行为。

但当哥哥 (姐姐) 犯了错，我们应该如何处理呢？很多家长会采用俗称的“杀鸡给猴看”的方法，觉得既可以惩罚大宝，也可以告诉小宝这样的行为是不可以做的。当然在道理上这样做也是说得通的，但是通过观察我们会发现，这并不是最佳的解决方案。

首先如果小宝还不知道大宝做了什么，那么当着小宝的面训斥大宝的过程就等于告诉小宝，大宝曾经有这样一个行为，就等于间接教会了小宝这个行为。孩子根本不知道才是最安全的，这要比让他 (她) 知道后再通过惩罚遏制这个行为更安全。这是第一个不当着小宝的面惩罚大宝的理由。

其次，树立一个榜样哥哥 (姐姐) 的形象并不容易，但破坏它却很容易。尤其是对孩子，他们是两极化的，不会像成年人一样能理解榜样也可以有缺点，他们只会认为被爸爸妈妈批评的就不是好孩子。所以破坏小宝心中大宝的形象，对小宝和大宝都不利，对两人的关系更不利。

再次，小宝也已知道了大宝的行为，那么，在小宝面前大骂大宝与单独批评大宝哪个方式更好呢？我们可以肯定，告诉小宝哥哥 (姐姐) 做错了事，需要被批评，但不让他 (她) 经历这个过程是更利于两个孩子的处理方式。对小宝而言，用责罚遏制的效果已经有了，对大宝我们也还是需要在包容的大背景下指出错误，才有利于他（她）接受并改正。也就是说，“杀鸡给猴看”，猴的确被吓住了，但鸡呢？更何况这里是我们的大宝，是我们不能忽略的那个同样天真，需要包容的孩子。

赞扬的效果比惩罚的效果显著

赞扬能够支持孩子对好榜样的学习，惩罚能够遏制孩子对坏榜样的学习，但两者的效果却是不同的，相对而言赞扬的效果更显著。

当孩子的一个行为被赞扬后，即使孩子不一定高强度重复这个行为，但他（她）已经接受了这个行为，并对它形成了一个正向的判断标准。但惩罚不同，虽然大多数孩子和大多数情况下，惩罚会遏制这个行为被孩子重复，但有一部分孩子和一部分情况下，却起不到遏制作用，甚至还会激发孩子的好奇或逆反。当然这是更复杂的心理机制作用的结果，这里不详述，所以，我们需要结合自己孩子的实际性格特点选择，尽量多使用阳性强化。

孩子们更愿意模仿同性榜样的行为

这一点在生活中也很常见，比如小女孩愿意模仿妈妈穿高跟鞋，涂口红，小男孩愿意模仿爸爸试试剃须刀，或者戴爸爸的领带，当然这与性别角色认同有关，也与天生的兴趣倾向有关。

这一点对我们的启示是，如果两个孩子是同性，则大宝榜样的作用更大。而父母对不同性别孩子的影响的不同让我们明白，同性父母是通过榜样的作用让孩子学会如何做男人或女人的，而异性父母是通过其对待同性父母的行为教会孩子如何做男人或女人的。

上面这句话有点拗口，简单说就是，如果家里是女孩，那么妈妈是通过以身作则使孩子学习女性特征的，所以爱打扮的妈妈，女儿往往也会有这方面的倾向，反之亦然。而爸爸则是通过对待妈妈的方式和对待女儿的方式，让女儿初步体会好的女人是什么样的，当然就是被爸爸认可的样子。虽然在妈妈和爸爸这里的标准不尽相同，但应该还是有很多重合的，毕竟选择了妈妈的爸爸应该是基本认可妈妈的。但如果父母关系不和，相互否定，就会让孩子矛盾、迷惑和挣扎，出现对自己的性别不认同，或者行为表现出矛盾冲突都是有可能的，当然也可能会转化成对某一方父母的愤怒。所以父母彼此相爱，给予孩子的幸福感受是孩子的成长宝库。

送大家一句法国诗人儒尔贝的话“与其批评孩子，不如做个榜样”。

2 言行一致在教育中的重要性

先说说言行不一

在说言行一致之前，我们先说说言行不一。先让我们做个小实验，选择一个全家休息的时间，对我们的家人说（包括孩子和爱人）“咱们做个游戏，现在开始请按我说的做，我会做演示”，于是你开始发出指令，并同时自己依照指令示范，比如“摸摸头，摸摸鼻子，摸摸脸，摸摸下巴，摸耳朵……”。当你一边说，一边做着演示的时候，让家人和你一起做，直到第四或第五个指令时你将你的动作与你的语言指示不一致，这时请注意观察孩子们，包括爱人，他们会跟随你的哪个指示做？

一般情况下大家都会跟随你的动作，而不是言语指示。它的原理在于，对动作的模仿和对语言的反应两者相比，模仿更简单。语言是一种符号，当我们通过耳朵接收了语言的声音信息后，还需要将它转化为语言符号所代表的意思内涵才能被我们的思维所理解，然后再根据理解的意思执行语言的指示。虽然这在我们的大脑只是一眨眼的事，但相对于同样是大脑执行的动作，模仿则简单直接得多，所以我们会倾向于直接反应动作的模仿。孩子由于语言功能发展的原因，他们更可能依照这个规律行事，而由于是在第四到五次才故意做出这种不一致，很有可能我们的爱人也会因为惯性思维而依我们的动作指令反应，只是在做完动作后才置疑我们怎么说的和做的不一样，当然如果游戏继续，有的人可能都不会提出质疑，他（她）可能根本没有觉察到。

每个人都倾向于接受“身教”

这就是在第一层面的“身教胜于言教”的原理。也就是说，从生理发展的角度，我们每个人接受教育指导都会更倾向于身教，对前语言期，也就是还不太会说话的孩子更是如此。

【案例38】

记得我还在上中学的时候，有一天放假，我到学校去取忘在学校的作业本，当时学校没有人，我刚到学校，就看到校长弯腰去捡起校园里的垃圾。我就站在他后面，但他根本不知道他的学生在后面，可是校长的这个行为深深影响了我！如果你要问我这一生是否会乱丢垃圾？答案一定是不会。

还有个非常著名的段子，是说小学生满口脏话，于是老师忍无可忍，把家长请来，接着就发生了孩子的爸爸满口脏话训斥孩子的场面。

这些“身教胜于言教”的小故事离我们并不遥远，它们提示着第二层原理。孩子的思维能力和是非分辨能力发展的过程，正是先通过模仿父母的行为，再将父母的行为标准作为自己行为标准的过程。语言的指导虽然也有影响作用，但当语言与行为不一致时，孩子先模仿了行为，再发现父母语言与行为不一致，还会因为这个不一致而迷惑。而后，一方面不容易改变已经模仿形成习惯的行为，另一方面因为有迷惑而觉得不公平，为什么父母是这样做的，却要让自己那样做？这时孩子的思维在发展，所以已经不是简单机械的模仿，而是具有反思能力的仿效，说一套做一套对孩子已不简单是生理层面的问题，也同时有了心理层面的问题，孩子会更愿意模仿父母的行为，而不是服从于语言指导。

就拿读书的习惯而言，其实几乎每位家长都愿意培养孩子的阅读习惯，但确实不是所有家长自己都有阅读习惯，这时就出现了言行不一的局面。也就是为什么当你刻意想要让孩子做什么，但你自己做不到，甚至是在反其道而行，孩子往往也不会如你所愿。孩子不仅不能养成你所期待的习惯，还会质疑你的行为和标准，心生矛盾和愤怒，这些情绪大多会被隐约的压抑下来，但会一直影响着孩子。

看了言行不一在家庭教育中的影响，再来看看言行一致。表面上言行一致可以只是简单的言与行相符，这往往是借道德和规范的力量来约束和要求的结果，但它的内涵远非如此简单。

诺与信

诺，是承诺，是言而有信，重承诺，讲诚信不是浮夸的道德标准，而是每个人内心的追求和需要。放羊的孩子因为“狼来了”的谎言丧失了别人对自己的信任，但同时他也将失去自己对世界的信任。我们可以看到撒谎的人总是担心别人会骗自己，面对这个世界，他们是惶恐的，无助的。不仅是真的没人来帮他救羊的惶恐，还有没人可以信任的惶恐，这将一直伴随着他。

这个言行一致，信的教育要从小事做起。“勿因恶小而为之”，孩子小的时候，有个很普遍的“哄”孩子现象，因为孩子对世界认识尚浅，我们利用这一点，吓唬他（她），哄他（她）。

“再调皮警察就来抓你了”，幼小的孩子就以为警察是“坏人”，此类的吓唬让孩子错误地理解这个世界。

“你先和奶奶玩一会儿，妈妈一会儿就回来”，然后出差一周，甚至出外打工一年都没回来，这不是“哄”，而是骗！

什么是骗，是否能骗成功，是以对方是否相信为标准的。你可以说你没有恶意，可是你只是为了自己不用面对孩子的伤心和纠缠，却让孩子相信一个马上就回来的谎言，而最终他（她）没有等到你马上回来，他（她）内心得到的是对你乃至对其他所有人的不信任，同时伴随着随时有可能失去你的不安全感。

所以，实际上这个言行一致给孩子的是信任和安全，没有人不需要它。

表里如一

这个表里如一并非简单指怎么想就怎么做，而是指我们要和更深层的那个自己相一致。如果说“言”代表着我们思维的产物，那么“行”往往代表着我们自己有可能都没觉察到的那部分自己支配下的举动。有时你说要戒烟，从思想的角度你的确也这样想，所以“言”表达的也是真心话，但“行”却相差太远，真是因为有个你自己也克制不了的力量让你的行与言不能一致。有本畅销书叫《遇见未知的自己》，借用这个书名，我们要了解的那个你自己也克制不了的内在力量，可以说就是那个未知的自己。

当我们经常想做的和能做的不能达成一致时，这不简单是外人眼里的表里不一，还是自己做不到面对自己，了解自己，这是一个如何接纳自己，让自己不用过得那么纠结的问题。

所以父母的言行一致情况其实是父母内心的心理健康水平的体现，也许有什么让我们真的做不到说出自己想说的话，或者做到自己想做的事……

此刻的言行一致给孩子的是一个统一、稳定、完整、健康的父母，没有人不需要它。

言出必行

在孩子的教育中，父母的“言”就是指令和规则，规则是需要稳定的。在两个孩子的家庭中，很多孩子认为的不公平其实并不是真正的不公平，而是父母在细节上的疏忽，为孩子制定规则或提出要求，却在执行的时候因为父母的情绪不稳定而轻易改变。

这种现象很常见，生气的时候妈妈说“这么不听话，以后再不给你买巧克力了”，成年人都知道这只是妈妈的气话，买巧克力这样的小事没有必要赌咒发誓，也不至于一辈子真的不买。但在孩子这里，这样的互动印证的是“不一定”，要求可能是不一定的，惩罚可能是不一定的，对两个孩子的原则也是不一定的。所以，父母在给孩子培养规则的时候，尤其在学龄前要注意“言”的细节，做不到的不说，没必要做的也不因为一时的情绪而说，许诺孩子的哪怕再难也要实现，说了要罚的就必须执行。

这里的言行一致代表着稳定和踏实，就如同楼上半夜扔靴子的故事，只有两只都扔到了地上，你才可以踏实睡觉，如果只扔一只，你会因为另一只会不会扔，什么时候扔的“不一定”而难以入睡，一晚无法入睡还是小事，一直心怀这样的“不一定”则问题严重。

榜样的“样”

父母是孩子的第一个也是最重要的榜样，想让孩子言行一致，表里如一，父母就必须做到这个“样”，这里的言行一致是一种风格和态度。

3 好规矩传送爱的公平

“规矩”是个好工具

前面我们已经讨论过“公平”问题，也深深体会得到作为父母的不易，两个孩子让公平的问题在家庭教育中显得如此重要。长时间一碗水端平，如果只靠两只手，那是对我们自己的摧残，不如找个“托盘”，找个“支架”，使用一些工具帮助我们把这碗水端得更平。

这个好工具就是规矩。大到国家管理、企业经营，小到孩子们一起做游戏，做什么都有一定的规矩，只有有章可循，我们才能有做什么、怎么做的踏实感。而有了一个相对统一的规矩共同约束两个孩子，包括爸爸妈妈，这会让公平变得不那么难以操作。

但是如何建立规矩还是有一些门道的。

规矩从何开始

我们会发现，从结婚到生大宝，再到生二宝，家里需要有秩序、有规矩的地方越来越多，那我们该从何处开始呢？

首先要明确的是家里的规矩分两类，一类是一些基本原则，是适用于全家人解决冲突的基本原则，当然这很可能是父母自己的原则，但现在就是全家人共同的原则。因为我们的规矩不可能事无巨细全都照顾到，所以还是会对一些事情没有约定，那么就要依靠这些基本原则来处理。

【案例39】

大宝刚上小学一年级很兴奋，一天拿出作业本给爸爸妈妈看自己得的100分，受到感染的小宝也很兴奋，一把抓起哥哥的铅笔盒摇来摇去，这可急坏了大宝，作为一名光荣的小学生，他还没准备好和妹妹分享他专属的学习用品呢！

于是一个要抢，一个就不给，眼看就要发生肢体冲突，妈妈将两个孩子一起搂到身边，对孩子们说："妈妈看到今天哥哥上学得到100分，非常为哥哥高兴，小丫肯定也在为哥哥开心，是不是也希望快快长大，有和哥哥一样的铅笔盒去上学呢？"两岁的女儿虽然还不太会说话，但情绪明显有所缓和，抓着铅笔盒说："要，要。"哥哥有点着急，又想抢回来。妈妈及时抚摸大宝的头，阻止了他的行为，对他说："妈妈告诉过你们，你们不管是谁要玩对方的东西，都需要经过对方的同意，所以妈妈一定会让妹妹把铅笔盒还给你，但是妈妈也说过，因为妹妹还小，所以不可以直接和她抢，这样有可能会伤到她，也可能会把你的铅笔盒摔坏，对吗？"大宝噘着嘴点点头，妈妈又转向女儿，“这是哥哥的铅笔盒，哥哥需要用它完成作业，所以你必须还给哥哥，不过妈妈会给你一支和哥哥一样的铅笔，并且现在陪你一起画画，好吗？”两岁的孩子很容易就被新的有趣提议吸引了，把铅笔盒还给哥哥，开心地找自己的画画本去了。

在这个案例中，看得出妈妈很善于解决孩子们之间的冲突，因为她很有规则，因为文具引起的小争端是第一次发生，但妈妈用了两个家里的基本规则“谁的东西谁说了算”“妹妹小，不可以和她抢”顺利解决了这次事件。当然这很可能是因为妈妈一直以这样的方式处理孩子之间的问题，所以驾轻就熟，孩子也能够比较适应。如果还没有给孩子们建立良好的基本规矩，第一次尝试这样的方法就不一定有这样好的效果了。但我们还是必须克服困难让规矩建立起来，这首先要求父母自己坚定起来。

第二类规矩就是具体的行为守则，比如十点上床睡觉，每天睡前要拥抱全家人，并且说晚安之类用来约束孩子的行为规则，这是非常具体可操作的规定。还有一些有关安全必须严格执行的准则，比如不能玩电插板，不能玩火，二楼的平台不能上之类的规矩也在此列。对于这些规矩的内容并没有什么特别的限制，还是根据自家的情况而定，形式也可以很灵活。有的爸爸妈妈愿意用纸把它写下来贴在墙上，有的父母希望通过非常正式的方式全家一起告知，这都是可以参考的方式。如果规矩确定就是我们的“言”，一“言”既出，“行”就必须跟得上，言行一致才能形成真正的好规矩。

规矩的针对性

虽然定规矩要追求公平，但不表示完全一样就是公平，要根据孩子的不同年龄特点和性格设定不同的规矩，比如可以列一个大宝规矩清单，一个小宝规矩清单，要求两个孩子分别遵守。但同时可以设定一个统一的规矩执行计划，比如定期考核规矩执行情况，加入适当的竞争机制，但竞争不是目的，只是为了促进孩子的积极性，所以不必在谁赢谁输上浪费太多精力。如果两宝有明显的完成差距，比如连续几次完成情况都是小宝获胜，我们就要看看是否为两个孩子设定的规矩有太严或太松的倾向，又或者是否有什么规矩是大宝经常无法遵守的，其原因是什么。

在规矩的内容上，不建议三句话不离学习，紧密围绕学习成绩制定规矩。其实孩子的成长需要规范的内容很多，当这些规范做好了，学习也自然好了，否则反倒成了舍本逐末。意大利诗人但丁说过“一个知识不全的人可以用道德去弥补，而一个道德不全的人却难以用知识去弥补。”只有我们作为父母者能够正确地看待知识与智慧的关系，认清比满腹经纶更重要的是人格的健全、品行的端正，才可能在孩子的规矩中呈现出我们教育的明智。

规矩同时也不是一成不变的，正因为要有针对性，所以两个孩子的规矩也需要与时俱进，剔除已经不合时宜的条目，增加新的内容，保证总是适合于当下孩子的成长阶段。在规矩的变化中能体现孩子的成长，也显示出父母的用心。不管怎么变，要保证好的效果最重要的标准就是合理性。

规矩要合理

规矩的合理是规矩能够得到很好执行的保障，规矩不能脱离实际太过空泛，类似口号或要求过大都不利于真正有约束或产生促进作用，这样的规矩也就失去了实际意义。规矩也不能过于苛刻，订立孩子们根本无法遵守的规矩等于在打击孩子达成的信心，最终会起反作用。虽然规矩要具体才可行，但生活的方方面面，要罗列具体不免会过于烦琐，所以在订立规矩时还要有取舍，避免条目太多，如果连父母看着都觉得累，孩子又怎么会有动力执行呢？在孩子的每个成长阶段只需要有五至十条规矩即可，一方面能够记得住，一方面也有侧重点。

引导孩子执行规矩，还需要调动孩子的积极性，规矩的内容不能过多、过难、过空，同时也不能要求过低、过松，让孩子完成起来毫无困难，起不到督促和约束的作用，规矩也就成了摆设。所以要把握合适的度需要父母清楚地了解孩子的情况，制订出的规矩只要孩子努力就可以完成，还要保持在需要孩子克服一点惰性或付出一点努力的合理程度。

配套措施要跟上

规矩制订得怎么样，最终还是要看执行得如何，有什么效果，所以配合规矩的执行要有相应的措施。

首先制订的规矩应该是全家人共同讨论的结果，让孩子参与制订的过程，表示对孩子的尊重，让孩子感受到是自己承诺父母和家庭要去执行的，而不是父母强迫加在自己身上的压力和要求。不必担心孩子不配合，只要我们能够做到给予他们参与的权利，他们都会愿意参加家庭的各项事务。

其次规矩最好是全家人都有份，父母也可以和孩子一起承诺受一些规矩的约束。这样既表现了公平，又可以和孩子们融合，而不总是把父母与孩子的关系放在对立面上。

最后要有配套的执行法则，比如不能按规矩办事将受到什么样的惩罚，应该怎样执行，因为惩罚是大家自愿接受的罚则，所以不注重严厉，而是侧重于对未能执行规则的反思与鞭策。做家庭服务，写家庭日记等都是可以尝试的方法。

如果家庭选择了用确立规矩的方法来管理孩子们的日常行为，那么切忌半途而废，哪怕只有一条规矩，只要坚持也会成为一个好习惯的保障。无规矩不成方圆，我国历来都有非常好的“家规文化”，其实每个人都愿意打上家族的烙印，因为那是我们的根脉。好的规矩是父母的智慧与付出。

4 要批评，不要伤害；会道歉，不讲面子

“批评与自我批评”

建立好规矩要做到非常重要的一条——“批评与自我批评”，父母经常批评孩子，但是否曾经尝试自我批评？孩子经常被批评，又是否有机会去批评别人？

很多家庭中父母都在追求成为孩子的朋友，但是更靠谱的做法反倒是父母就是父母，未必要和孩子做朋友，但可以接受孩子的建议，可以适时自我批评，在有必要的情况下可以向孩子道歉。

批评的重点不在于否定

关于批评，已经讨论过不少，例如如何对孩子说“不”。所谓批评，重点不在于否定，而是如何在肯定的基础上否定。我们可以批评或否定孩子的某个行为，但不能全面否定孩子，泛化批评的范围。

一个没有完成作业的孩子不代表是一个从不遵守纪律的孩

子，一个考试成绩很差的孩子也不一定就是坏孩子。在孩子的成长过程中，批评是必需的，没有否定就没有对行为的纠正，也没有正确的引导，但批评不能造成伤害。

以我们要接纳孩子本身，但可以否定某个行为，这样的基本批评的准则才能让我们真正帮助孩子做出好的改变。

不需要强制孩子去道歉

关于自我批评，最好的方式是道歉，是有诚意的道歉。当家庭里当两个孩子发生了争执，那个感觉受到欺负的孩子应该得到道歉吗？我们不认为被迫的道歉对双方有任何好处，实际上这是有害的，当我们让孩子说些并不表达他们真实感受的话，比如“对不起”，而他们实际上却感到愤怒、疏远甚至不满时，我们其实是在胁迫他们撒谎。

我们认为与其为了表面上过得去而忽视孩子的内心世界，不如接受带攻击性的孩子的真实情感。受到欺负的孩子很清楚那个道歉是真是假，只有真正的关怀才能让事情得到纠正。如果在事件发生后只有我们能够表现出真正的关怀和歉意，那么我们该做的是率先表达这份关怀和歉意，并相信那个带攻击性的孩子会效仿我们。

要明白利落地处理两个孩子之间发生的问题，既不责备也不粗暴，但要有必要的限制。要体现对攻击者的尊重和关怀，在这个具有示范作用的时刻，你是在困难的条件下推进了良好的人性关怀。你表现出你对那个做错事的孩子的善良本性抱有信心，展示出你坚信受到欺负的孩子定会得到安慰。

如果我们能够尽量表现得友善些，大部分孩子就会找到自己的方式修复与被欺负的孩子之间的关系，如果带攻击性的孩子没有安全感，那么当他能够实实在在地感觉到自己是被爱的，他的行为举止将会变得平和。当你尊重和关怀地对待每一个孩子时，就实现了富有意义的公正，不要再采用提前结束游戏、惩罚和记录好行为的星星贴图以及罚孩子饿着肚子上床睡觉这些办法，这些做法只会把一个已经吓坏的孩子和另一个冲动的孩子推向更深的被孤立的感觉，使他的处境更加困难复杂，这样根本没有好的效果。

所以道歉需要诚意，没有诚意的道歉于双方都不利。而拥有道歉的诚意却并不简单，这需要深刻地认识到自己的行为对对方造成的影响和伤害，并真正为之难过，即真正心生愧疚；同时能够理解自己完全可以做得更好，看到自己行为的不足。这两者对于孩子都不容易，所以无论他（她）做错了什么，批评可以是家长的事，真正地道歉一定是他（她）自己的事，逼迫他（她）是没有意义和必要的。

父母的面子

成年人总会说“连句对不起都不说”，表示希望看到对方的歉意和愧疚之心，而真诚说出“对不起”却并不容易，尤其是对自己的孩子。如果说孩子不能够真诚道歉是因为难以意识到自己行为的问题和对对方造成的伤害，那么成年人在错误对待孩子时是因为情绪或其他原因，事后是有能力发现自己的问题的，但有个叫“面子”的东西让我们无法放下父母的架子向孩子真诚道歉。

面子是什么，如同孩子的成长中主要的任务是建立自尊和确立自我，我们也一样，面子就是自尊的副产品。当我们觉得自尊受到了伤害或威胁就会脸红、尴尬，甚至难以面对，用不承认来拒绝，用转移话题来转化，用幽默来处理当时的气氛，用恼羞成怒来发泄心中的难受。不同的人会用不同的方式，不同的人对待面子承受力不相同，都是和不同人自尊的水平相关的。特别好“面子”，常常因为面子问题大发雷霆，或者所谓开不起玩笑之类的现象貌似是自尊心强的表现，实则都反应的是自尊心的脆弱，而这种承受能力差往往与认识和对焦虑的处理能力都有关系。

在认识层面，如果我们把犯错误与我们这个人整体被否定相联系则我们无法承受，更不能承认自己犯了错误，当然这可能是源于我们从小就被那种泛化的批评所折磨，每犯一次错就被完全否定。但毕竟今天的我们已经成年，如果一直不能从这种认识误区中走出来，就会重复错误地对待自己的孩子，那将是我们更难以面对的错误。

我们需要有一些方法来处理自己犯了错或被指犯了错时难受的感觉。这些方法就是前面说到的拒绝、发怒、转化、幽默等，它们也体现我们处理焦虑的能力，转化或幽默、从容面对的方法是更高级的处理方式，也代表着更强的能力。而且能够使用这些方法的人内心难受的感觉也会下降，所以这是我们可以尝试发展的方向。原本这部分能力是在我们小的时候形成的，但如果没有做到，就需要现在的我们再重新学习。

小结：

家庭中父母的确承担着太多，智慧和方法会让我们更轻松、更好地解决孩子和家庭的问题。

父母的智慧：

镇定，善于反省；

两情相悦，彼此爱慕；

母亲温柔、慈爱，富有同情心；

为孩子的能力骄傲；

为孩子的独立感到愉悦；

强调纪律而非惩罚；

至少在最初的几年，密切关注并且参与孩子的生活。

以上智慧总结源于一项著名的近代母婴依恋调研，希望父母能够从中有所收获。